如何成为职场实力派

グロービス流
ビジネス基礎力10

日本 GLOBIS 商学院 —— 著

黄若希 译

江西人民出版社

前　言

"我应该从什么技能学起呢？"

"面对自己的未来，我感到迷茫不安。"

"对现在的自己没什么信心……"

这些是我近些年经常从年轻商务人士那里听到的提问和回答。

本书作者均为提供 MBA（Master of Business Administration，工商管理硕士）课程的 GLOBIS（顾彼思）商学院（东京、大阪、名古屋、仙台、福冈）以及提供非学位课程的 GLOBIS 经营管理学院（GLOBIS Management School）的管理者，并有很多人活跃在教学岗位上。在这里，每年都有数千名二三十岁的学生开始学习逻辑思维、人际沟通、领导能力、市场营销等相关内容。

为了增强对未来的自信、拓宽职业道路，也为了拥有一个美好的前程，我们应该对自身的学习做一个投资。

我们在日本各地多次召开了这些项目的说明会，与许多有兴趣参与讨论的社会人士进行了交流。由此我们发现，**无论哪个地区都有很多对自身能力和未来职业发展抱有烦恼的人。**

特别是与20岁~35岁的年轻人交谈时，常常会听到以下话语：

● 我知道再这样下去是不行的，但不知道自己具体欠缺哪种能力，不知道如何拓展这方面的能力，公司最近也很少开展培训。

● 公司里没什么榜样，自己也想不出该朝什么方向发展能力。

● 在思考未来的时候，经常会对自己公司所属的行业、公司本身以及自己今后的职业规划感到茫然不安。

● 我也考虑过在几年之后换个工作，但不知道具体应该掌握哪些能力。

● 如果从现在的公司离职，自己在其他地方能够发挥多大的作用？我完全不知道，也没什么自信可言。

当然，每个人的烦恼不尽相同。随着世界发展越来越复杂，**不清楚应该提高哪些领域的哪些能力，对未来感到迷茫不安的人也越来越多。**

为了加快拓展自身能力，最重要的是练好基本功。我们需要时刻提醒自己"回到基础"（Back to Basics）。对于商务人士来说，如果基础没有打好，表面的知识和技巧不过是空中楼阁。

我们在与众多社会人士交谈的过程中萌生出一些想法，以此为基础，**本书将希望大家在35岁之前能够掌握的基础商务能力分成10个部分并进行了"总览"。**

在有意识地开始能力拓展的最初阶段，对需要掌握的能力进行整体把握极为重要。

如果没有进行整体把握，就好比旅行中没有地图，你会感到不安，不知道该去哪儿、怎么做，从而很容易陷入无法思考的状态。如果有了整体把握，就能够制订具体计划，清楚地知道学完目前的技能后该做什么、该学到什么程度、之后又该做什么。此外，内心茫然不安的感觉也会消散。

然而，当我们把目光转向信息源头，搜寻能够进行这种重要的整体把握的书籍时，却发现市面上虽然有很多介绍个别商务技巧的书籍，但几乎没有能够整体把握、总览全局的书籍。因此我们编写了这一本书，希望能够抛砖引玉。

在GLOBIS 20多年的教学中，我们通过与超过7万名商务人士对话，观察作为学生的社会人士的课堂情况，总结出了以下10个十分重要的能力。

首先，学习以下两种方法，是提高商务基础能力的"基石"。

第1章，**逻辑思考能力**："建立逻辑"的思考方法，是一切能力的基础。

第2章，**人际沟通能力**：以逻辑思考能力为基础的易于理解的沟通方式。

其次，学习以下3种方法，是发现并设定问题、解决问题的基础方法。

第3章，**假说构建能力**：提出假说的能力，摆脱根据"手头线索"进行调查与思考的限制。

第4章，**信息收集能力**：为了验证提出的假说，进行信息收集的方法。

第5章，**数据与信息分析能力**：对收集到的信息进行分析、加工和说明的能力。

然后，基于前5章解决问题的方法，掌握以下两种能力。

第6章，**思考对策的能力**：商务中思考下一步对策的方法。

第7章，**演讲能力**：向决策者有效传达事情的方法。

以上7章侧重于PDCA中P（planning，即计划）的方面，为了提高在商务实践中执行计划的能力，我们将讨论以下两种方法。

第8章，**人际影响能力**：在实际工作中带动同事共同努力的方法。

第9章，**团队协作能力**：在第8章的基础上，特别是站在领导的立场组建团队的方法。

在全书的最后，第10章**志向发展能力**围绕开发能力的目的、如何使自己的职业和志向得到发展等方面展开介绍。

如果大家能够读到最后，想必会对商业必备技能有一个整体的把握，并充分理解这一训练方法。

随着经济全球化的发展，竞争日趋激烈，IT技术不断进步，这将使原本只有部分企业和个人卷入的环境愈加复杂。与此同时，就业环境也掀起了变化的巨浪。人才市场已经迎来无论是初次就职还是跳槽都要与海外人才竞争的时代，而且这一趋势将发展得越来越快。

这意味着，**为了生存，我们至少要提升一些必备能力（赚钱、获得工作的能力）**。不言而喻，到最后可以依靠的只有自己的实力。

为了不让自己在直面这一严峻现实时，才懊悔"那时候再多学一点就好了、再认真开发一下自己的能力就好了"，一定要尽早认真对待这一问题。

我们要正视现实，客观地评价自己，然后决定在什么时候掌握什么能力，有计划地开发自己的能力。

　　作为商务人士，我们要掌握时代的潮流和要求，了解能以多快速度提高自己的能力，因为这将关系到我们今后的人生。

　　如果读者朋友们能以本书为契机认真考虑自身能力发展的方向、自己的职业生涯，笔者将感到无比的喜悦。

　　为了能够一直走下去，让我们迈出能力开发的第一步吧！

2014年7月吉日

作者代表　GLOBIS商学院　经营研究科

研究科长　田久保善彦

目 录

前 言　1
CHECK TEST 商务基础能力小测验　10
CONCEPT MAP 如何成为职场实力派　11

第1章　逻辑思考能力　1

1.1　用具体的词语进行阐述　5

1.2　抓住问题本质　9

1.3　构建主张和依据的框架　14

第2章　人际沟通能力　23

2.1　理解与沟通对象的关系　26

2.2　先提出结论（想要传达的信息）　29

2.3　一句话概括结论（想要传达的信息）　31

2.4　思考能够支撑结论（想要传达的信息）的框架　33

2.5　具体阐述　38

第3章　假说构建能力　41

3.1　认识自己的假说构建能力　44

3.2　假说思考的优点　47

3.3　通过假说思考推进工作　49

3.4 构建"可用"的假说 54
3.5 掌握构建可用假说的"问题" 55
3.6 为了提出初期假说,增加可提取的论据 57

第 4 章 信息收集能力 61

4.1 构建假说时要有用 Quick & Dirty 的方式收集信息的意识 64
4.2 验证假说时的信息收集 66
4.3 掌握信息收集的技巧 69

第 5 章 数据与信息分析能力 83

5.1 分析 = 比较 86
5.2 熟练掌握分析的 5 个角度 88
5.3 为比较而对数据进行加工 94

第 6 章 思考对策的能力 109

6.1 总览整体 112
6.2 确定问题 117
6.3 思考对策 122
6.4 确定判断标准并选择对策 124
6.5 付诸行动并评价 128

第 7 章 演讲能力 137

7.1 掌握演讲的目的 141
7.2 分析受众的情况 144

7.3 了解演讲的制约条件　148

7.4 思考演讲的内容　150

第 8 章　人际影响能力　163

8.1 增加周围的人对自己的信任度　166

8.2 建立公司内部人脉　169

8.3 了解想要影响的人　171

8.4 完善的事先沟通　174

8.5 早期先取得小成功，再不断积累　177

8.6 不断展示自己的认真程度　179

8.7 讲述故事　183

8.8 锻炼会议引导能力　185

第 9 章　团队协作能力　187

9.1 认识团队　190

9.2 打造团队，开发领导力　195

9.3 在沟通上下工夫　208

第 10 章　志向发展能力　211

10.1 如何理解"志向"　213

10.2 理解志向的重要性　215

10.3 了解培养志向的模式　216

10.4 把握志向发展的方向　226

后　记　233

CHECK TEST

商务基础能力小测验

在开始阅读之前，我们先思考以下几个问题。如果能马上想出解决方案或对策，并向同事解释说明，就说明你已经掌握了基础的商务能力。

不能马上想出答案的读者请继续阅读，希望您读完后能够掌握商务人士必备的基础能力。

1. 你是某职业介绍所的销售。针对营业额增长困难这一问题，公司组建了新客户开发团队，你被选为其中一员。今天是团队的第一次会议，你被指任为会议组织者。请问你会怎样推进这次会议？

2. 你是某汽车经销公司总部的销售。由于各个分店的业绩差距较大，你需要分析各分店营业额无法提高的原因，并制订统一的经营改善计划。但是，由于地区不同，市场规模也有所不同，不知是否可以制定统一的判断标准。你会从哪方面入手呢？

3. 你是某公司负责新业务的策划专员，正在思考如何加入人流量大且有一定顾客群的商场地下午餐市场。上司向你询问关东地区午餐市场的规模如何，你虽然做了调查但没有统计数据。你将如何预测这一市场的规模？

4. 你是某旅行社的策划专员。上司要求你在准确把握目前市场动向的基础上，提出符合时代要求的新策划，时间为一周。你正在为如何充实分析和策划内容而烦恼。你将从哪些方面、如何着手呢？

5. 明天要针对今后的职业规划与上司进行一年一度的面谈，人事调动的申请估计也会被上司通过。如果被问到"三年后想做什么，十年后想做什么"这样简单的问题，你能描述出具体的计划吗？

CONCEPT MAP

如何成为职场实力派

锻炼最基础的商务能力
- 逻辑思考能力
- 人际沟通能力

锻炼做策划和提案的能力
- 假说构建能力
- 信息收集能力
- 数据与信息分析能力
- 思考对策的能力

锻炼商务执行能力
- 演讲能力
- 人际影响能力
- 团队协作能力

志向发展能力

第1章

逻辑思考能力

CHECK LIST

逻辑思考能力小测验

1. 回顾这周的邮件时,发现自己不知不觉中用了属于"大话"(big word,具体解释见第6页)的词汇。　CHECK ☐

2. 在重新思考"团队目标"等在团队中使用的重要词汇时,发现自己不知道这些词的具体含义。　CHECK ☐

3. 不能用自己的语言清楚地描述正在做的主要工作中存在的问题。　CHECK ☐

4. 没有自信让上司和下属认同自己正在做的主要工作中存在的问题。　CHECK ☐

5. 被人质疑"前提"和"规则"时,对于什么"前提"和"规则"符合工作要求,自己完全没有头绪。　CHECK ☐

6. 虽然懂得所谓的经营用语和定式,但没有在客户或者上司面前有效使用过。　CHECK ☐

7. 被问到"根据是什么?""具体例子呢?"时,总会紧张得直冒冷汗。　CHECK ☐

8. 回顾近期重要提案时,没有首先检查提案整体和结构的习惯。　CHECK ☐

在第1章，我们首先学习对所有商务人士来说都不可或缺的技能——逻辑思考能力。

首先，让我们花一点时间反思自己。大家在这一周的商务场合中，花了多少时间在思考上？写邮件时、与上司或下属谈话前，或是与客户沟通前，等等。"思考"的时间应该有很多。

但是，其中"逻辑性"的思考占了多少时间呢？在思考的时候，一般都会"有逻辑地"使用大脑吧？

对于这个问题，能够明确回答"是"的人恐怕不是很多。"总是凭感觉来……""先按照之前的模式操作吧……""原本也没有考虑那么深入……"这样想的人应该比较多。

我们每天都要处理堆积成山的工作，基本上没有时间停下来充分

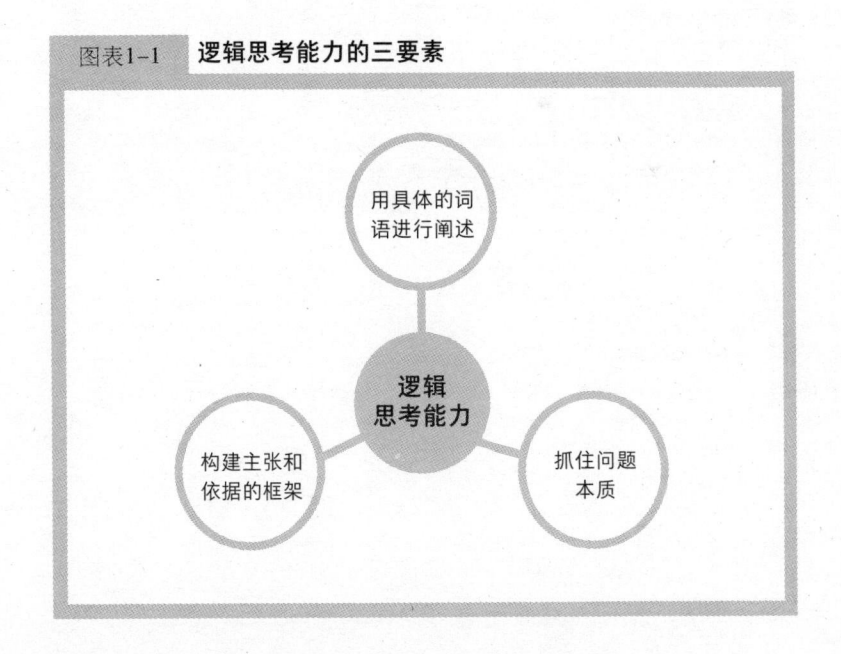

图表1-1　**逻辑思考能力的三要素**

- 用具体的词语进行阐述
- 逻辑思考能力
- 构建主张和依据的框架
- 抓住问题本质

用逻辑进行思考。事实上，与客户、上司还有其他部门相关人员沟通的时间已经很紧了，远没有到运用"逻辑思考"的地步。也就是说，我们很容易养成"条件反射"的习惯。

而另一方面，对于"如果有时间就能进行逻辑思考吗"这一问题，能够说"是"的人似乎也很少。

本章中，我们将整理什么是商务场景中的"逻辑思考"，总结出在忙碌的日常工作中运用这一思维能力的要点。

1.1 用具体的词语进行阐述

对于逻辑思考来说,最开始需要掌握的是"词语"。

每天我们都会不经意地说很多词语,而逻辑思考的第一步就隐藏在这些词语中。

比如说,我们在日常工作中经常会遇到使用以下"词语"的场景。

上司:这个项目最近怎么样?打算怎样推进?

下属:我正全力以赴地做好该做的事,为达成目标而不懈努力。

上司:是吗?最近丢单的情况好像经常发生,这是怎么回事?

下属:大家认为丢单可能是由于我们无法给客户提供高附加值的产品等。

上司:这样啊。也确实存在一些不可抗原因……总之明年要更加努力啊。你设定一个目标,总结一下交给我。

下属:好的,我会尽快提交给您。

冷静下来仔细看看上面的对话,有很多值得深思的地方。

"全力以赴地做好该做的事",具体什么是该做的事,什么是不该做的事?

"为达成目标而不懈努力"具体是做了什么?

"提供高附加值的产品"具体指提供什么?

"无法提供高附加值的产品等"中的"等"又指哪些？

"大家认为"到底是谁认为？

"更加努力"指要做哪些努力？

"尽快提交"具体是什么时候提交？

也就是说，这些"词语"一点都不具体。如果只是一味地重复这样的对话，工作将无法推进。别说能不能推进了，有时甚至会产生严重的问题。

在这个例子中，当上司说"要更加努力"的时候，也许是希望"将订单价格提高20%"。而另一方面，下属有可能会把"不可抗因素"误认为是上司对自己的认同，觉得"上司和自己想法一样就行了"。这样必然会导致双方得出的结论并不统一。

如果一直这样的话，最终上司会觉得"这个下属完全不能领会自己的意思"，而下属会认为"是这个意思的话早说不就好了"，从而对上司产生不满。

在GLOBIS商学院，我们把上述对话中的"抽象性语言"统称为"大话"（big word）。

那么，容易变成"大话"的词语都有哪些呢？我们试着把它分为以下几大类。

【形容词、副词】

非常·十分·稍微·积极地·尽快·尽可能地

这种表示程度的词语正属于"大话"。虽然不是不能用这些词语，但要加上原则和具体数字后再使用。

【动词】

讨论·努力·应对·认识·参与

从这一类词语中,我们完全看不出具体采取的行动是什么。

比如,在使用"讨论"这个词的时候,重点是要深入思考具体跟谁在何时何地进行怎样的讨论,继而在大脑中形成讨论的"动态画面"。

【名词】

合作·价值·多样性·品牌

要十分注意流行语和外语的使用。

这些词语很可能连说话者本人都一知半解,觉得"好像是这样"就随便使用了。虽然不是不能用,但要试着把它换成通俗易懂的语言。

【代名词】

那种策略·那样的事情·包含此类事情在内

如果使用这些代名词时没有解释具体指代什么,就会变成"大话"。

如果不用这类代名词,对话会变得非常冗长,因此使用这些词本身没有问题,重要的是要在一对一的基础上使用。

【主语】

在会议中做出了决策

这样是很危险的

像这样没有主语的句子,也是广义上的"大话"。一定要明确是"谁"做出了决策,"谁"觉得危险。因为会议本身不会做出决策,最终是由某个人决定的。

要注意，模糊主语会模糊责任的界定。

【接尾词】

讨论 M&A "等"问题

我"这么"认为

要注意这类在名词后面的接尾词。

在有意识的情况下使用是没问题的，但无意识地使用就比较危险了。如果无意识地用了"等"这个词，会弱化前一名词的意义，使其失去威力。"……这么"也一样，"我认为"本身没有问题，直接说就可以。

大家在思考的时候最常用的工具就是"词语"。很多时候大家是一边说着"词语"一边动脑。如果不好好琢磨这些词语的使用方法，思维一定会变迟钝。

请大家再好好想一想，日常工作中我们经常使用的词语会不会过于抽象了呢？

1.2 抓住问题本质

逻辑思考的第2个要点是"抓住问题本质"。也就是说，在处理工作的时候，我们要明确目前的工作是为了解决哪方面的问题。

看到这里，你可能会觉得这不是理所当然的事情吗？但其实在日常工作中，经常会因为没有抓住问题本质而导致各种各样的事故。

例如，你被选为"营销能力提高项目组"的成员。这时大家都会下意识地在脑中翻来覆去地思考"为了提高营销能力该做哪些培训"之类的问题，然后制作详细的培训方案。

然而，费尽心血做出的培训方案或许只是营销能力提高项目的一部分。事实上，培训只是细枝末节，更重要的是从本质上"重新认识营销过程"。

像这样由于没有掌握问题本质，导致工作效率下降、无法取得预期成果的例子不胜枚举。

接下来，让我们思考一下如何抓住这一机制或问题的本质。

❶ 当问题本身很大时需要格外注意

无法抓住问题本质时，经常出现的一种情况是"问题本身很大"。

假设你现在是人事部职员。想象一下，人事部部长对你说："为了推动公司国际化进程，我们必须增加国际化人才。你考虑一下国际化人才的培养方案。"

这时很容易出现这样的想法："培养国际化人才，最近经常听到这个说法。这么说来，之前好像在杂志上看到过其他公司关于这方面的案例介绍，要不我查一下吧。"然而，此时最需要的是认真确认问题的本质是什么。

"国际化人才"到底是什么意思呢？仅仅是指会英语，在海外也能轻松进行商务交流的人才吗？还是能作为当地的领导，带领整个团队的人才？此外，"增加"人才具体是指从目前的多少人增加到多少人？不用说，"从目前的0人增加到20人"和"从100人增加到150人"的难度是完全不一样的。

再者，说到"培养"，你清楚具体的情况吗？大约需要多少预算、花费多长时间？据此是在录用后制订大致的培养计划，还是进行短期培训，这一点也大不相同。

在"问题本身很大"的情况下，特别是问题中还夹杂着很多"大话"的情况下，首先必须和提出问题的人充分讨论这一问题的意思，把握本质（达成共识）。

理想的状态是在提出问题时立即确认，如果无法当场确认，也应当在工作初期进行确认，以避免返工。

② 分解问题，使其可视化

为了准确确认问题，分解问题并使其可视化的方法很有效。

以国际化人才为例，可以将其细分为"什么样的人才""培养到什么时候""培养到什么程度""预算多少"等几部分。针对细分后的问题，先写出一个大致的答案，比如假设性的答案，这样更容易与提问者进行确认。

这样做的原因在于，即使是问题的提出者，在提问的时候也不一定对这一问题有具体的认识，说不定只是"最近好像经常听人说到国际化人才，我们也得做点什么才行"的程度。对此，有可能被人反问"这也太含糊不清了吧"，从而使这一想法变成感性的主观意见，无法付诸行动。

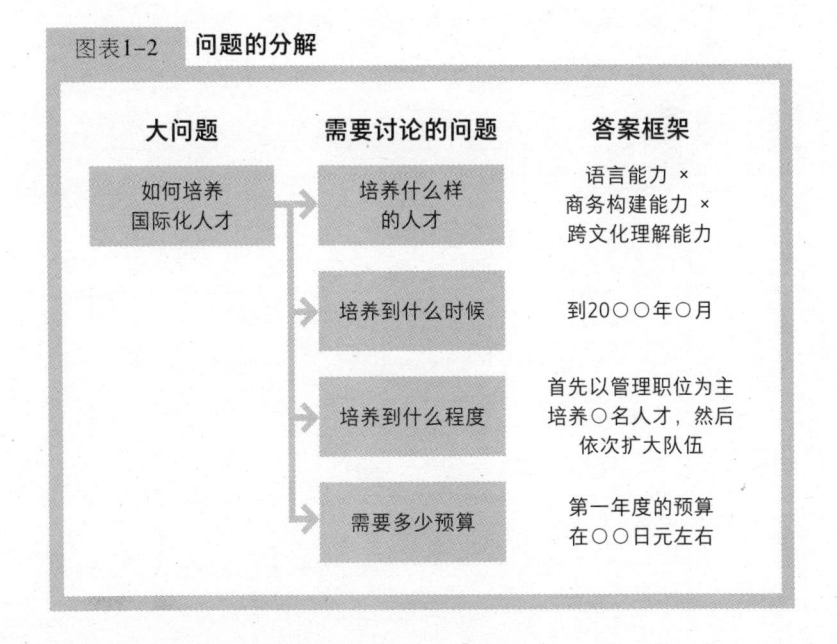

图表1-2 问题的分解

大问题	需要讨论的问题	答案框架
如何培养国际化人才	培养什么样的人才	语言能力 × 商务构建能力 × 跨文化理解能力
	培养到什么时候	到20〇〇年〇月
	培养到什么程度	首先以管理职位为主培养〇名人才，然后依次扩大队伍
	需要多少预算	第一年度的预算在〇〇日元左右

我们需要将复杂的问题可视化，以此来整理提问者的思路，确认双方是否站在同一视角上思考问题。

❸ 确认问题的背景

与分解问题同样重要的是确认问题的背景。提问者是基于怎样的问题意识、出于何种原委提出这一问题的，对此的理解非常重要。

比如说，提出"国际化人才"这一问题的背景，是不是因为最近来自海外的派遣员工中事故频发，或是考虑到整个公司的战略转换，需要为此做出准备？背景不同，需要思考的范围也会变化。

举一个更贴近生活的例子，当需要你调查一下 A 公司的服务被其他竞争公司利用了多少，你会怎么做？

一种做法是像问题所说仅调查其他公司的情况。然而，如果想进一步完成这个工作，创造附加值，就应该了解这一问题的背景。也就是说，要把握这个问题是为了"自己公司也探讨一下如何利用 A 公司的经验"，还是为了"思考如何在与对手的竞争中获胜"。之所以这么说，是因为根据背景的不同，工作中需要抓住的重点也有所不同。

要想确认这一背景，只需要简单地问一句"提出这个主题的背景是什么"就可以了。如果有大致的假设，也可以尝试问问"这一主题的背景是不是在于……"

❹ 不屈服于工作的引力

在分解问题、确认问题背景的基础上，还需要注意不要屈服于工作的"引力"。

比如说，为了某个采访需要前往现场，你可能会提前在网上搜集信息。搜集信息时会带来很多刺激，当自己意识到的时候已经埋头在这项工作里了。如果像这样一味地埋头在工作中，很容易忘记一开始是为了什么而工作。

这种引力经常出现在会议现场。

假设某次会议的主题是讨论 A 部门具体应如何削减成本。然而，有一个参会者突然发言："虽然削减成本是个好办法，但增加营业额如何呢？我们好像疏忽了这一点吧？"由此一下引出了很多和削减成本没有关系的讨论。这也是不能抓住问题本质的典型例子。

也就是说，在新刺激的触发下，大家已经忘记了原本的"问题"，而只是埋头在讨论中。这样一来，最后就会变成"我们今天要讨论什么来着"的结局。

像这样即使一开始抓住了问题的本质，要想不偏离本质也是有难度的。重要的是把自己对问题的理解转换成语言，认真地写在一眼就能看见的地方。请大家实践一下这个方法。

1.3　构建主张和依据的框架

抓住问题的本质后,下一步必须考虑的是自己对于这一问题的"回答(=主张)"。对"为了培养国际化人才需要做些什么"这一问题,"为此我们首先需要做某事和某事"就是主张;对"削减成本是否有必要"这一问题,"有必要(没有必要)"就是主张。

不过,毋庸置疑的是,要提出某种主张一定要有之所以这样说的依据。

接下来我们举一个人事部部长演讲的例子。

"新的一年,我们公司也开始准备培养国际化人才了。最近经常能听到'国际化人才'这个词,我们人事部也意识到了关于国际化人才的问题,从很早就开始讨论了。国际化人才虽然有多种解释,在这里我们可以将其定义为掌握多种语言、思维更加开放、拥有多民族和多文化特性且具备商务能力的人。那么接下来,我们将讨论一下具体如何培养这类人才……"

其中,人事部部长的一个主张是"新的一年要开始培养国际化人才"。那么这一主张的依据是什么?可以说在此次演讲中完全没有涉及。部长只是用很多修饰语来强力主张这件事,所以让人感觉是有依据的。

然而，如果在重要的决策场合用这样的逻辑思考，是不可能胜过反对意见的。为了不在重要的场合冒冷汗，需要用合理的依据支撑自己的主张。请大家一定要理解这一原则。

在这里我想介绍可以帮我们提出有依据支撑的自我主张的两种基础方法，即演绎法和归纳法。无论是多么复杂的逻辑，都能通过演绎法和归纳法厘清。无论大家是否熟悉"演绎"和"归纳"两个词，在实际工作中都会无意识地运用到这两种方法。

根据沟通场合的不同，其应用方法也有所不同，这一点我们将在下一章说明。

1 演绎法是"已知规则"和"新事实"的融合

所谓演绎法，是指将具体事物套用于某种规则，从而得出结论及主张的方法。也被称为三段论法。例如：

> 规则：在我们这一行，口碑是非常重要的商业资料。
> 具体事物：最近顾客的满意度有所下降，没有太多好评。
> 结论：想必我们公司今后的业绩会有所下滑。

虽然很多人没有听说过演绎法或者三段论法，但其实我们经常会在无意识的情况下用到它。比如劝说深夜还要去吃拉面的朋友"还是别吃了吧"。

这里首先存在"深夜吃高热量的食物容易发胖"这一已知前提，

图表1-3　演绎法

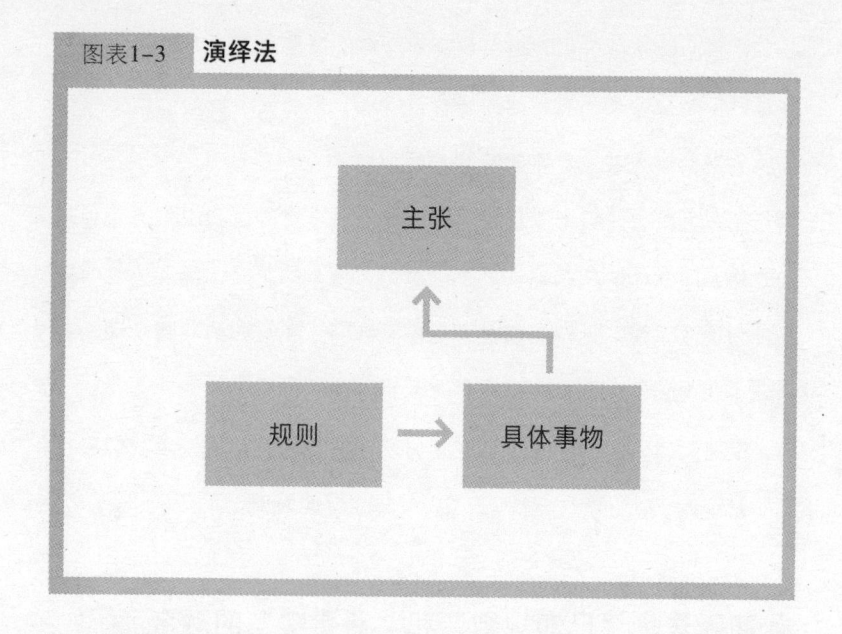

我们将朋友的行为套用其中后，提出了"这样吃会发胖→还是别吃了"这一建议。

我们在主张某件事情的时候，必然不会在毫无基础的情况下思考，一定是以已知的知识（=规则）为基础，借用这一领域的知识推导出某一主张。

所以说，"融合已知规则和新事实"是运用演绎法的基本方法。

❷ 不要忘了常常对前提持怀疑态度

使用演绎法的时候，有哪些需要注意的地方？

首先，在演绎法中规则比其他任何事情都重要。如果规则本身不正确，那接下来的事情就无法成立了。然而，实际生活中比起用错了规则，更容易发生"的确没错"的规则在某个场合无法适用的情况。

假设存在以下这种情况：要培养国际化人才，必须提升其语言能力。但是，公司员工中外语不好的人有很多。因此，首先要以提高语言能力为目标开始各种训练。

确实，说到国际化人才很容易联系到语言能力这一点，但是否适用于这家公司又要另说。因为在这家公司，比起提高语言能力，或许逻辑思考能力或创造力、对自家商品的理解能力等其他方面更加重要。

进一步思考的话，如果规则本身过于陈旧，将无法与新事物相匹配。对营销来说，新的工具正以日新月异的速度向前发展，很早之前的规则会在短时间内过时。

演绎法虽然是已知规则和新事实的融合，但在急剧变化的商务环境下，如果做什么都依赖于已知规则，很容易耽误事情。

这意味着在使用演绎法的时候，必须对前提保持怀疑态度，思考我们无意识中使用的规则是否正确。

③ 增加知识量，使其保持"可用状态"

为了熟练运用演绎法，增加知识量非常重要。也就是说，要看你能够掌握多少"一般规则"。

比如，假设你是某饮料制造商的市场营销专员。在决定新产品营销计划的时候，掌握"消费品营销策略的重点"这一规则十分重要。为什么这么说呢？因为只有掌握这一规则，才能构建思考的牢固基础。如果没有这一基础，就不得不从零开始寻找正确规则，决策速度将急剧下降。如果只是简单地从"是否知道？是不是这样？"来考虑，提出主张的速度肯定会变慢。

然而，仅仅增加知识量肯定不够。一旦需要导出结论，如果不能抓准运用这一知识的时机，不能用适当的形式引申，那么即使拓宽了知识范围也没有任何意义。因此，让增加的知识量保持"可用状态"也是十分重要的。

以"规模经济"这一规则为例，谁都知道"在固定费用较大的行业，规模大的公司有更强的成本竞争力"这一简单的道理。但是，有多少人能够描述从这一规则得出的结论呢？在实际的商务场合中，并不是提起"规模经济"就能带来话题。可能只是突然被问到"喂，这次的新产品卖多少钱合适啊？"这种有距离感的问题。对此，成败就在是否能引申运用"规模经济"这一规则。为此对每一种知识都要加深个人的理解，借来的知识绝不会在需要的时候自动出现在脑海里。

大家要明白，在实际工作中描述自己的主张时，一定要让演绎法的基础即所使用的"规则"成为自己的东西。被问到的不单单是知识量，而是化为自己的东西的知识量。

④ 归纳法是通过现有的事物进行想象

接下来介绍构建主张的另一个方法——归纳法。

所谓归纳法，是指从多种事物中找出某个共同规则或者推出可以解释的结论的方法。比如，从"A 公司令人期待的新产品销量不太理

图表1-4 归纳法

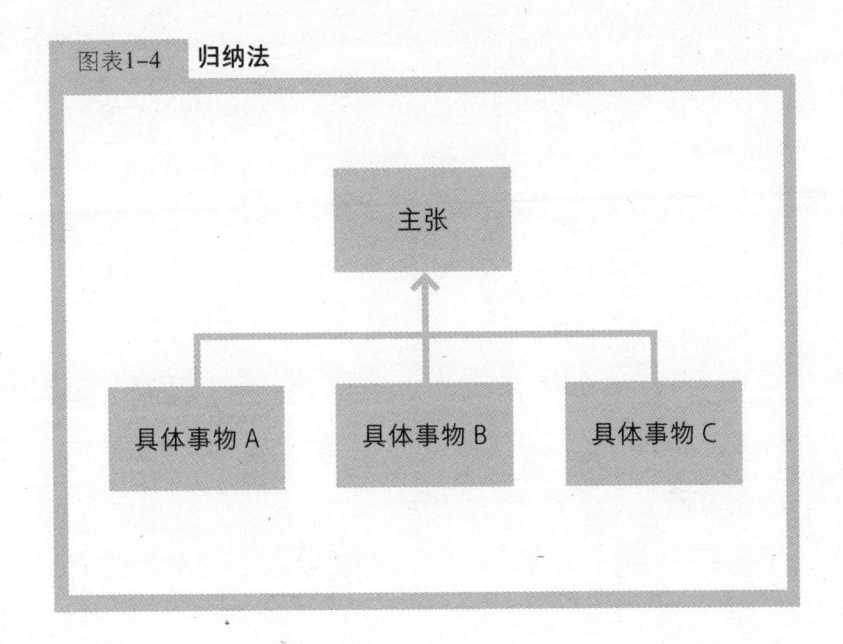

```
          ┌──────┐
          │  主张  │
          └──▲───┘
     ┌───────┼───────┐
┌────┴───┐┌──┴────┐┌─┴─────┐
│具体事物A ││具体事物B││具体事物C│
└────────┘└───────┘└───────┘
```

想""前几天 A 公司发布了产品召回公告""A 公司征集了自主辞职员工",可以推出"A 公司明年的业绩不容乐观"或"A 公司的社长可能干不下去了"这类结论。

像上述例子一样,与演绎法只要有合适的规则就大致能自动得出结论不同,归纳法的特征在于怎么解释都能成立。

换言之,演绎法追求对已知的知识进行引申的能力,而归纳法追求的是通过现有事物想象新事物的"想象能力"。

⑤ 摒弃思维定式,认真选取样本

归纳法中需要注意的是摒弃思维定式。当发生的事情与自己的思维定式相近时,我们往往会根据思维定式得出结论。也许你多少听说过这样的例子,"前一段时间来做推销的B公司的员工都不好好跟人打招呼""前几天在开会时偶然碰见的B公司的员工也是,给他发邮件也不回",由此会得出"B公司净是不懂礼貌的员工"的结论。

人们一旦有了某种经验,就无法离开这一经验(unlearn = 学后即忘)。就算下次见到非常懂礼貌的B公司员工,也会选择性地遗忘这一事实,只记得不懂礼貌的员工。

为此,如果要用归纳法得出某一结论,必须正确选取样本。究竟多少样本才能得出这一结论?这一样本有偏颇吗?一定要冷静地考虑这些问题。

像B公司的例子一样,我们要注意当归纳法和个人感情结合时,很容易得出极端的结论。

⑥ 增加经验、扩大事例范围、具体思考

那么,如何锻炼基于归纳法的逻辑思考能力呢?

归纳法需要"想象力",而对想象力来说,广泛的经验和事例以及具体的思考能力是不可或缺的。

用归纳法进行解释说明时,没有素材(样本)的思考是无法成立的,从一个或两个有限的事物中得出的结论也是有限的。对于没什么销售经验的人来说,能够用于思考的样本数量太少,就算问他"销售的关键是什么",得到的启发也很有限。因此,首先要多学多见,了解更多的事例,拓宽思考的范围。

其次,根据这些事例如何进行具体的思考也十分重要。就算能够

思考的样本足够广泛,如果欠缺具体思考的能力,也无法做出归纳性的解释。

比如,有人在销售方面接待客户的经验丰富,经历过各种各样的成功和失败。然而,缺乏具体思考能力的人会满足于"销售中最重要的是看透对方的心"这一大话。当然,我们无法将这样抽象的表达活用于实际场合。"对方的心"是指什么?"看透"又指什么?能适用于哪些场合?无法适用的场合又是哪些?我们需要像这样能够具体思考"语言含义"的能力。

⑦ 将自己的逻辑可视化

无论是演绎法还是归纳法,重要的是像图表1-3、图表1-4那样把自我主张及其依据简单地表示出来,也就是使其可视化。这并不是什么难事,试着把自己想表达的东西用一句话总结出来,写在最前面。

接下来,把这么说的依据写在下一行。此时要省略一切修饰语,尽可能简洁地表达出来。这样一来,就能注意到自我主张和依据不一致的情况了。

实际工作中常常会出现无法用语言表达自我主张或虽然能够整理出主张,但没有任何依据的情况。

不用说,如果自己都不清楚自己的主张,那更不可能有效地传达给对方。如果整理不出依据,就无法遵循构成逻辑的规则,此时对方肯定会冒出很多疑问。

本章,我们介绍了逻辑思考的部分运用方法。这是在任何商务场合都通用的基本技能。用运动语言做比喻的话，逻辑思考能力就好比是肌肉。肌肉不是一朝一夕就能练成的，逻辑思考能力也需要不断踏实努力地锻炼。而另一方面，和锻炼肌肉一样，在不断的锻炼下逻辑思考能力一定会展现出成果。

希望大家在意识到逻辑思考能力的重要性之后，从长远出发，坚持不断地训练自己的逻辑思考能力。

推荐图书：
《GLOBIS MBA 批判性思维》（改订第3版），GLOBIS 商学院著，钻石社
《MBA 轻松读·逻辑思维》，GLOBIS 著，岛田毅执笔

第 2 章

人际沟通能力

CHECK LIST

人际沟通能力小测验

1. 很容易觉得对方和自己处于同样情况之下,意识不到双方之间存在各种差别。　CHECK ☐

2. 和人交谈时,想说的话通常在谈话快结束时才说出。　CHECK ☐

3. 被要求"一句话总结你的结论"时,大多数情况下无法用一句话总结。　CHECK ☐

4. 虽然得出了结论,但没有确认其依据是否充分。　CHECK ☐

5. 想提出支撑结论的依据,却没有灵活运用思维框架。　CHECK ☐

6. 没有站在对方的立场上确认自己的结论或依据是否全面。　CHECK ☐

7. 针对信息中的重要部分,往往懒于用数字等具体描述。　CHECK ☐

8. 描述信息内容时,没有意识到要让对方易于想象和理解。　CHECK ☐

本章中，我们将深入思考商务中要求的人际沟通能力。

"不擅长和上司表达自己的想法""被人说邮件要写得简单易懂，但具体不知道怎么办""开会时没有沟通好彼此的意见"，等等，很多人在沟通方面存在问题。

我们在这里整理了5个要点，都是擅长沟通的人会有意识地实践的要点。

此外，这一章我们主要设定的沟通场合是"做报告、商量或讨论"的场合。作为这一能力的延伸，我们将在第7章对正式演讲进行介绍，在第8章将针对号召更多相关方推进工作的沟通技巧（引导）进行说明。请在理解本章的基础上进行后面的学习。

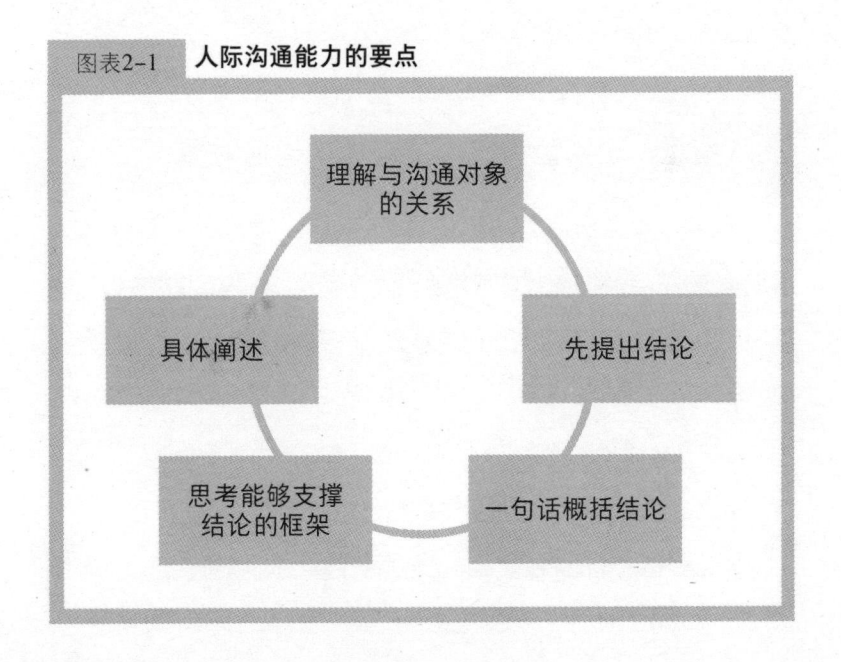

图表2-1 **人际沟通能力的要点**

- 理解与沟通对象的关系
- 先提出结论
- 一句话概括结论
- 思考能够支撑结论的框架
- 具体阐述

2.1 理解与沟通对象的关系

在思考人际沟通时最重要的是"双向性"。大家一般最为关心自己是怎么表达的，但仅仅这样并不够，加深对沟通对象的理解也十分重要。

而且，从人际沟通的大前提来说，希望大家理解"对方也有自己的世界"这一点。"话都说到这份上了他肯定理解了"，这种姿态一定会阻碍沟通。如果不采取"相互理解"的姿态，原本能表达清楚的东西也将无法传达。

❶ 从信息、理解能力、价值观理解沟通对象

在上述前提的基础上，为了理解与沟通对象的关系，我们首先要抓住几个要点。即使是传达或接收同一种信息，在双方理解能力完全不同的情况下，双方所掌握的信息存在差异、彼此对信息的理解不同、能够接受的价值观不一样等各种问题都会出现。

为了充分理解沟通对象，从"信息、理解能力、价值观"这三个要点来认识自己与对方差异的方法很有效。

信息是指平常我们能够接触到的信息的数量和质量。比如，要表

达"在经营中多样化很重要，我们需要推进实现多样化"这一信息时，日常能够深入接触多样化概念的人、处于多种信息环境下的人、深入思考的人，以及初次接触这一概念的人对信息的接受程度会存在非常大的差异。

如果不了解交流双方存在多大程度的"信息差距"，就无法形成健全的沟通环境。

同样，"理解能力的差距"也是要点之一。假设某企业每个月会在公司内部公开详细的财务数据，并传达如下信息：目前我们公司的ROE（不知道ROE是什么的读者建议学习一下会计基础知识）达到了4%。这一"信息"被平等地传达给每个人。然而，能否从这一数据中判断出公司现在处于何种状况，就完全依赖于每个人的"理解能力"了。

从这个例子可以看出，"会计能力"的差距会导致理解程度的差距。能否正确认识沟通对象拥有怎样的能力，是决定双方如何进行沟通的重要因素。

最后一个要点是"价值观"。由于价值观的差异，对同一信息产生形形色色的理解的例子数不胜数。看见半杯水，有人会觉得"还有半杯"，而有人却觉得"只剩半杯了"。说到底是价值观的差异造成了不同的理解方式。

同样，有人认为正是因为市场环境具有强烈的吸引力，所以不应参与其中，反过来也有人认为越是严峻的市场环境越应该参与其中。无论双方拥有多少共同价值观，对信息的理解不同，沟通的结果必然有很大不同。

② 消灭"差距"是顺利沟通的关键

"沟通成本"是指在进行一次沟通时需要花费多少成本。传达某件事情时,仅仅发一封邮件就能解决的情况很少见。要不断开会讨论,进行培训,除了邮件以外还要通过各种方式制造无数拜访机会、花费许多功夫才能最终完成这一次沟通。

"功夫"是指花费的时间和劳力,也就是成本的意思。即使是人际沟通,也需要花费很多看不见的成本。在公司内部,如何减少这类看不见的沟通成本是公司运营中十分重要的一环。为此,重要的是尽可能缩小公司内部的信息差距,统一理解能力,整合价值观。

虽然是从运营视角考虑的,但对个人的人际沟通来说也是一样的。对于平常需要沟通的对象,要尽可能缩小相互之间的信息差距、理解能力的差距、价值观差距,这是促进双方顺利交流的一大关键。请从这一观点出发,试着重新与平常的沟通对象进行交流。

2.2 先提出结论（想要传达的信息）

在理解沟通对象的基础上，接下来要考虑如何简单易懂地传达自己想要表达的信息。

首先，要在一开始就提出自己的结论。希望大家能够掌握这一沟通要点。很多人有这样的习惯，即在毫无意识的状态下把自己的思考过程直接描述给对方。

比如，针对打入某市场的方法，有人进行了如下思考。

- 我注意到客户在这方面有所需求。
- 突然想到或许我们也可以打入这一市场。
- 但是，仔细观察后发现，大型竞争对手也准备进入这一市场。
- 因此我认为，要抢先进入市场，在这一市场获得好评比什么都重要。

虽然实际的思考过程确实如此，但如果像这样表达只能让对方感觉到压力。

这一原则的意思是，沟通时要先提出结论，即第4条信息。也就是说，要首先表达："我想报告一下对进入新市场的想法。从结论来说，取胜的重点在于如何在大型竞争对手准备进入市场之前抢占市场。接下来我会就此进行说明。"

如果最后提出结论，就好比"推理小说式发言"，不读到最后不知道结论是什么。在商务场合一定要注意，这样会给听者带来负担。

并且，如果能在最后重复一遍最开始提出的结论，效果更佳。首先开门见山地提出"我想对 A 事件进行说明"，然后阐述"这么说是因为 B 和 C 这样的原因"等依据，最后再次总结结论，表达"因此，我想把 A 告诉大家"。

需要补充说明的是，也存在不应该一开始就提出结论的情况。比如，在重视心理策略，不让对方看透自己内心才能成功的情况下，就要故意把结论推到后面，一边试探对方反应一边进行沟通。这意味着"先提出结论"只不过是一种原则，可以说是人际沟通的"基础篇"，必须恰当地使用这一原则。

2.3 一句话概括结论（想要传达的信息）

难以沟通的典型例子就是对方无法理解自己想要传达的信息。

虽然明白应该在一开始就提出结论，但如果自己不清楚要表达的结论，就没办法顺利沟通。出现这一情况的原因可能单纯是整理思路的时间不够，或是考虑过头把事情复杂化了。如果没有整理清楚思路，那么即使想表达什么，说出来的话也会变得支离破碎，只能让对方困惑不已。

想要缓解这一状况，只是在脑中迷迷糊糊地思考肯定不行。最简单有效的办法是一边想象沟通的场景，一边用眼和耳确认自己想表达的东西。

笔者经常会梳理这种"纠缠不清的思考"。假设你的手边有一份很难的策划书或者演讲资料，上面虽然写了很多东西，但却不明白说的是什么。这时候，试着问自己"最后是想表达什么？用一句话总结一下"，然后一字一句准确记录下自己的答案。接下来以"这份演讲资料要跟对方传递的是这回事吗？没有错吧？"的思考方式进行审视。仅仅进行这样一个简单的思考过程，就能凭直觉感到是否不对劲，再一步步整理思路，最终总结出想要传达的信息。

顺便一提，也有人会在实际沟通过程中进行这一训练，比如在没有整理清楚思路，被焦急的上司追问"你到底想说什么"的时候，迫于压力终于把自己想说的东西表达出来。希望大家自己事先进行整理归纳。

❶ 能够打动对方的信息一定是经过仔细打磨的

当被问到"用一句话总结的话，你想说的是什么？"的时候，回答"一句话总结的话就是 A。啊，但是 B 也很重要。这么看来 C 也……"，最终变成"这也是那也是"的情况也不少。但是，这样一来就无法明确地向对方表达自己的意思。如果无法集中表达，就试着判断一下信息的优劣程度和主从关系，这样应该就能明白该如何用一句话总结了。

如果宽泛又模糊地思考想要传达的信息，肯定无法将其整合。就算是经过思考的资料，如果直接表达出来也很难有效传达信息。

最后，试着一边想象沟通场景，一边用耳朵和眼睛确认。也就是说，如果被要求用一句话总结，把要表达的东西写下来的训练十分重要。

2.4 思考能够支撑结论（想要传达的信息）的框架

不是将想法表达出来就可以了，还要有之所以这么说的依据。要通过对文章框架的思考，恰当地整理回答依据。

在第1章中，我们介绍了对依据来说十分重要的两个逻辑构成，即演绎法和归纳法。基于这一原则，我们试着更加深入地思考适用于人际沟通的"框架"。

❶ 以"自上而下"的顺序思考依据

实际工作中经常会出现"因为 A 所以 B"这样结构简单的逻辑。比如"因为市场很有吸引力，所以我们也应该加入"，或者是"商品销售有些停滞，那么我们降价吧"。作为信息的发送者，很容易觉得信息本身十分明确，依据也很充分。此时停下来思考是十分重要的。

有一个很重要的问题是"在表达这一信息的时候，必须有的依据是什么"。我们从"市场很有吸引力，所以……"的例子来看。从这句话看，最终信息是"应该加入市场"，但这里必须要问："如果已经进入市场了，我们必须拥有的条件是什么？"换言之，就是"什么条

图表2-2　信息及其依据的关系

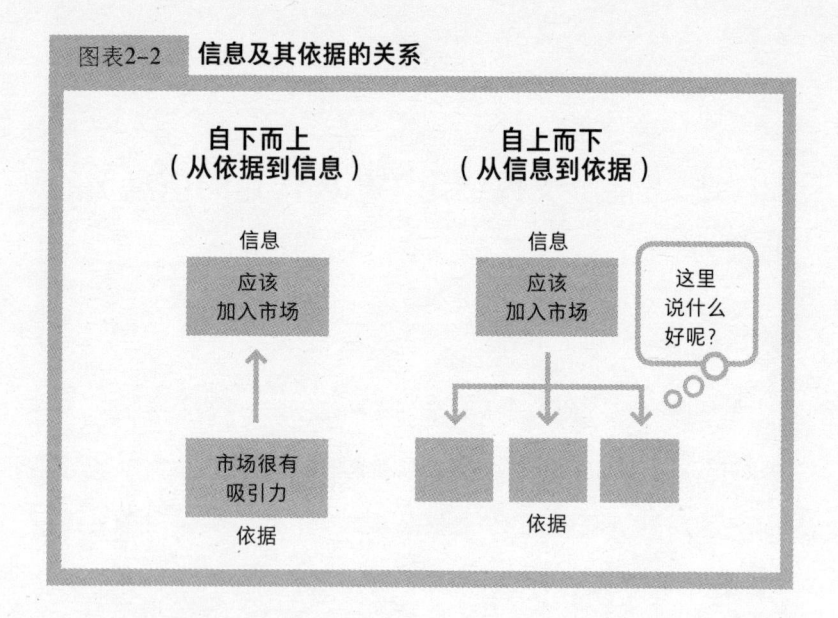

```
自下而上                    自上而下
（从依据到信息）             （从信息到依据）

    信息                        信息
  ┌──────┐                   ┌──────┐         ┌─────┐
  │ 应该 │                   │ 应该 │         │这里 │
  │加入市场│                 │加入市场│        │说什么│
  └──────┘                   └──────┘         │好呢？│
      ↑                     ↙  ↓  ↘           └─────┘
  ┌──────┐               ┌──┐┌──┐┌──┐
  │市场很有│              │  ││  ││  │
  │ 吸引力 │              └──┘└──┘└──┘
  └──────┘                    依据
    依据
```

件下我们才会认为应当加入市场？"

像这样冷静思考后你会发现，虽然市场吸引力很重要，但"我们在这个市场能取胜吗？""符合公司的战略规划吗？"也是必须抓住的重点。

本来如果要对加入市场发表意见，至少也要用这些依据进行准备，但大多数情况下我们很容易只把"市场很有吸引力"当作依据进行考虑。

其原因大概是只考虑了"从依据出发"（自下而上）。为什么这么说呢？这是因为有了"市场很有吸引力"这一依据后，就只会思考出"所以我们要加入市场"的结论。当然，从依据出发思考信息并不是一件坏事，只是要从零思考信息的依据。像这样不仅自下而上，并且自上而下地思考，得到的信息就会有更加牢固的逻辑。

其实"自上而下"的思考方式中存在不少难点。原因是"因为A所以B",即"自下而上"的思考方式已经扎根于思想之中,即使有意识地想"自上而下"进行思考,实际上也很难做到。

下面我想介绍两种有助于"自上而下"思考的技巧。

② 灵活运用现有业务的思维框架

第1个技巧是灵活运用现有业务的思维框架。

说到思维框架,大家认为具体指什么呢?代表性思维框架有著名的3C(Customer:顾客;Competitor:竞争对手;Company:公司)营销模式。这是在分析公司面临的市场环境时使用的思维框架。除此以外,还有4P模式以及5种能力模式等多种思维框架。

在这里我们不一一介绍各种思维框架,但在想要表达"我们公司现在面临的问题是……"时,如果把3C等思维框架作为依据来使用,从"市场目前如何变化""对此竞争对手已经采取了这种战略""另一方面我们公司还处于这种状况"的视角思考,构建思维框架的时间就会一下子缩短不少。

就像这些事例一样,虽然很容易联想到某个营销专家提出的一些英文缩写,但除此之外还有很多能够运用的模式。比如:

● 问题、原因、解决方案

● 天空(= 现状)、雨(= 从现状推测出的未来)、伞(= 对此需要采取的行动)

● 紧急性、重要性

● Can（能够做到的事情）、Want（想要做的事情）、Should（应该做的事情）

将这些思维框架存入自己的大脑，不一定什么时候就能为"自上而下"的思考添砖加瓦。

③ 试着站在对方的角度考虑问题

另一个技巧是站在对方的角度考虑问题。因为对信息做出最终判断的是信息的接收者，说得极端一点，只要信息接收者觉得这一依据已经足够就可以了。

基于这一观点，如果能从"听到这一信息的时候，对方会想知道什么"的角度进行思考，将更加有效地传递信息。

比如，假设你现在要向公司员工提出某种新产品的企划，想要传达的信息是"我们公司现在应该推出这种商品"。

如果站在对方的立场思考，公司的员工会抱有怎样的疑问？例如"推出这种商品可以提高多少营业额和利润？""这一方案是否具有可行性？""如果这么做会对我们的品牌带来什么影响？""为什么应该现在做？"等问题。只要回答出应对这些问题的依据就可以了。

具体可以这么说："我们现在应该推出这种产品。为什么呢？首先，从提高营业额和利润的观点出发，我们希望能取得○○这样的业绩。虽然大家会怀疑是否能够达成目标，但通过□□的形式就很有可能实现。预计它会对我们公司历来重视的△△品牌带来较好的影响。如果再迟点起步，由于××理由可能会削弱其影响。因此，我认为应该现在就着手讨论这一产品的企划。"

我们在传达某种信息时,很容易只考虑自己的观点。如果眼前信息较多,将无法构建自己的逻辑并打动对方。

站在对方的立场考虑思维框架,可以传达给对方具有很强说服力的信息。

2.5 具体阐述

学会表达信息、建立支撑信息的思维框架后，最后一件重要的事情就是具体阐述。

无论你建立了多么有用的思维框架，如果阐述不具体，那么仍然无法准确传达给对方。反过来说，即便你的逻辑不那么站得住脚，只要有了具有冲击力的具体事例，对于信息的直接传递来说也足够了。为此，我们要重点掌握"用数字阐述"和"用故事阐述"的方法。

❶ 用数字阐述

我们将在第5章进行更为详细的说明。为了让自己的描述更具体，用数字阐述是一个很好的方法。"市场扩大了"与"市场份额以每年5%的速度增长"的表述方式相比，冲击力明显不同。

提起数字，可能会让人联想到会计、统计或是财务，很多人会感觉并不擅长使用数字。但其实没有那么复杂，单纯用数字表达想要表达的东西即可。

大多数情况下，在具体沟通中重要的部分都是用数字来说明的。

可以说越是认真思考，越会用数字进行思考。能用数字阐述，证明你进行了具体思考。

关于解读数字的方法等应用技巧将在后面的章节进行说明,这里首先要初步掌握技巧,即"重要的部分要用数字进行阐述"。

❷ 用故事阐述

为了让自己的描述更为具体,还有一个办法是用故事阐述。虽说是讲故事,但并不是讲一个夸张的故事,而是增添一些描述,让对方更容易想象你要表达的场景。

想要表达"现场过于忙乱,很难顺利运转"这一情况时,仅仅说这些很难让对方有切实的感受。

如果这样说:"在现场很难顺利运转。比如前天,好不容易从A公司拿到的订单,要配送的时候现场人员跟我说要花5天的时间。一般来说1天足够了,我觉得奇怪,去现场一看,简直大吃一惊。本来应该在操作的几个人都忙于应对顾客接连不断的电话咨询,为解决顾客的问题又在对着电脑查询。"就能清楚地向对方表达自己的意思。

对方脑海里会浮现说话者描绘的具体场景,从而可以铺设出用于理解这一信息的基础。

然而,和前面的"数字"一样,对于没有进行具体思考的人来说,是描述不出故事的。

③ 不要忘记"具体"是为了传达什么

最后，重要的是把握住具体描述的目的。

第1章介绍了"抓住问题本质"。一旦用数字和故事进行阐述，就会不由自主地埋头在这一思考中，很容易忘记"原来的问题是什么""原本要传达什么信息"，结果就变成说了一些与信息无关的数字和具体事例。这样一来，数字和故事反而成了阻碍信息顺利传达的因素。

要时常把握我们目前想表达什么，并把这一意识当作思考的基础。

人际沟通是我们平常会在无意识中做的事情。正因为不会有"好，接下来我们开始沟通吧"这样的准备机会，我们很容易在不知道自己已经养成某种说话习惯的情况下进行沟通。这样一来，我们只是对概念有了了解，却无法在真正沟通时运用自如。

如果理解了前面说的这些，接下来就只剩通过实践进行自我训练了。希望大家不要止步于概念性的理解，而是通过实践体会人际沟通的要点。

推荐图书：
《GLOBIS MBA 批判性思维：沟通篇》，GLOBIS 商学院著，钻石社
《瞬间传达重要事情的技能》，三谷宏治著，Kanki 出版社
《说与听的技巧——引出谈判的最好效果的"3个对话"》，（美）道格拉斯·斯通著，松本刚史译，日本经济新闻出版社

第 3 章

假说构建能力

CHECK LIST

假说构建能力小测验

1. 最近总觉得无法提高工作效率和质量。 CHECK

2. 说不清楚"假说"这个词的意思,以及为什么需要假说。 CHECK

3. 工作中准备报告书和提案资料的时候,经常不知道要写些什么。 CHECK

4. 在提交报告书和提案资料的截止日期前,还有很多不明白的地方,比如应该用什么事例进行阐述。 CHECK

5. 基于假说进行工作的话,总是会强行得出假说的结论,认为没有假说比较好。 CHECK

6. 无法清楚说明好的假说和不好的假说的区别。 CHECK

7. 被问到"每天抱着怎样的问题意识去工作"的时候回答不出来。 CHECK

8. 认为自己提不出有个性的假说。 CHECK

第 3 章 假说构建能力

介绍完逻辑思考能力、人际沟通能力之后，本章将对提高工作效率必不可少的技能——假说构建能力进行说明。

"虽然收集了很多数据并且努力地分析了，却还是做不好演讲资料""工作中进行了很多次试错，比预想的还要花时间""被上司说资料中虽然有很多图表，但还是不明白我想表达什么"等，很多人会因为在工作中不懂如何思考而烦恼。

实际上，工作做得好的人，往往只是在用和普通人稍有不同的思考方式工作。不是从依据开始寻找问题的答案，而是预先假定一个答案，然后像"逆向推算"一样深入探寻这一答案的依据。

本章将针对能够造成结果差异的思考方式，也就是假说构建进行说明，思考假说究竟是什么，应该用什么样的顺序推进工作以及如何构建假说。

3.1　认识自己的假说构建能力

　　上司突然要求在下周的销售会议前总结一份加强营销能力的企划。但是，由于现在公司营业额持续低于原计划，亟须采取一些改善措施，你必须在这周之内着手准备报告书。
　　这时，大家最接近以下3项中的哪种情况呢？

【3级假说】

想不出具体问题是什么，不知道写些什么好

　　怎么办……连该思考什么都不知道，脑袋里一片空白。

【2级假说】

虽然知道问题是什么，但不知道该写些什么

　　总是被部长问"那么，最后你打算怎么办"，必须得提出解决方案了。但是，突然想出的对策肯定不会被认可吧。为什么营业额总是上不去？其原因也需要好好考虑。为什么业绩会这么低迷呢？到去年明明都还挺好的。

【1级假说】

大概知道该回答些什么以及怎么阐述

（通过日常观察）最近注意到，能干的人和不能干的人之间的差距日益明显，业绩两极分化严重。无论从哪方面看，不能干的人总会以准备会议或者做报告等理由待在办公室，很少出去拜访客户。

部门内总在讨论提案书的质量，但实际上对客户的拜访次数和沟通次数也是决定业绩的一个因素。是不是应该减少每日报告和不必要的会议，增加外出拜访等有关销售的时间呢？

大部分人总是像2级假说那样片面地认为原因在某一特定方面，或者认为只要怎样做了就行了。

3级假说更遗憾，属于连需要思考什么都不清楚的状态，只能向上级或者前辈寻求帮助。

2级假说属于一直这样的话无论花多少时间也想不明白要写什么的状况，只能先收集营业数据，再用表格计算软件反复试错。

在销售会议之前，顶多是被上司指责资料准备不够充分，生气地问你"为什么不早点来跟我商量"。就算想找人一起分担工作，也不是别人能够帮忙承担的。

而另一方面，1级假说怎样呢？比如，基于对平常自己身边出现的问题的认识（能干的销售和不能干的销售的区别），如果能够做出回答并进行具体阐述，之后的工作就轻松多了。

接下来就是收集展开具体阐述必需的数据（拜访次数和签约数量的关系等）和信息，做成图表，然后用幻灯片进行总结。

此外，事先假设一个答案后，如果在收集完数据后发现与预想的答案不符，可以思考为什么会出现不符的情况，从而展开对答案的新思考。

像1级假说这样，基于自身掌握的零碎信息和经验，对问题提出的预想即称为"假说"，而组建这一假说的过程就叫作"假说构建"。

假说 =（对问题的）假设回答 / 故事

大家如果观察一下身边工作做得好的人，你会发现他们在正式展开工作之前多少都有自己的假说。不仅仅是通过假说进行试错，并且经常会有意图地展开工作。

在这里我想和大家一起，从在假说的前提下开展工作有什么好处，应该用什么流程推进工作，在商务活动中"可用"的假说是什么，如何才能提出"可用"的假说等方面进行更为深入的思考。

3.2 假说思考的优点

① 通过假说思考,可以提高工作效率和质量

在设定假说的基础上思考并开展工作的方式可以简单地称为"假说思考"。

通过对假说的逆向推算来开展工作有什么好处呢?工作上的优势主要集中在以下两个方面。

假说思考的工作优势 = 速度↑ × 质量↑

分别试想一下在设定假说的前提下开展工作和没有假说直接开展工作的情况。

如果没有假说直接开展工作,就会变成在工作中试错。如果没有时间限制,这样也未为不可,不断尝试总能得出正确答案。但通常商务活动需要在有限时间内得出一定的结果。

设定假说后再开展工作的优点在于,能够避免因为试错而产生不必要的工作,可以高效率、高质量地进行工作。

② 假说在与结果不符的情况下也能发挥作用

说到假说思考,肯定会出现"设定假说后可能会强行把结果引向假说""假说会不会变成决定性的意见"之类的质疑。

确实,假说是一种无法判断正确与否的假设性回答,因此通过数据分析进行验证后不一定总会出现和假说相符的情况,经常会与设定不符。我们必须避免无视数据一味前行,强行得出结论的情况。

然而,事实上有假说和没有假说的不同正是在于这一不符的情况。如果不事先设定假说而是直接开展工作,往往会出现与事情不符那就进行下一项的情况,很容易不问为什么就直接跳到下一阶段。设定假说后再开展工作的话,当出现了与假说不符的情况,不需要别人指出自己就能发现与原定假说的差异在哪里,不会省略思考过程。

对于前面提到的加强营销能力的案例来说,如果和假说不符,销售人员拜访客户的次数和签约数量之间不存在关联性,就可以知道业绩不仅仅由沟通量、拜访次数决定。

还有什么其他可能呢?这时如果回过头来再次对周围能干的和不能干的销售人员进行比较,又会发现能干的销售在销售初期一定会对客户进行调查。"导致业绩差异的不是沟通量,也许是对客户进行事先调查的质量",这时如果能设定这样一个新的假说,可以说是再好不过了。先不说这一假说正确与否,我们由此就有了新的发现。

3.3 通过假说思考推进工作

让我们来看看假说思考必须采取的步骤（图表3-1）。用数据和事实来补充初期假说，从而得出更加确切的假说并采取行动。

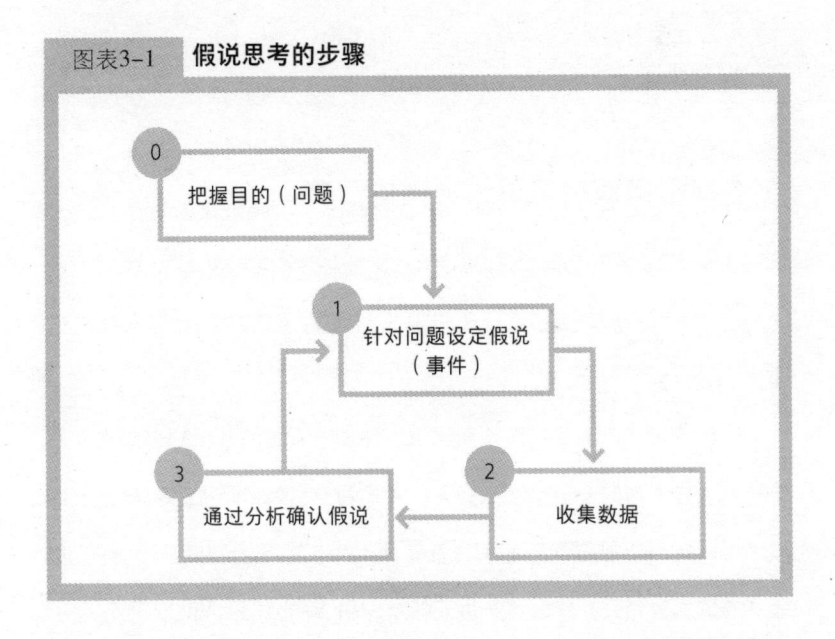

图表3-1 假说思考的步骤

```
0 把握目的（问题）
   ↓
1 针对问题设定假说（事件）
   ↓
2 收集数据
   ↓
3 通过分析确认假说
   （循环回到1）
```

在这一阶段中，前两个步骤"把握目的（问题）"和"设定假说"尤为重要。关于把握目的（问题）的方法请参照第1章"逻辑思考能力"的部分。

设定假说时会事先收集能够成为论据的信息，但是在初期阶段，要有意识地减少这种做法。实际上可以跳过这一做法,先基于自己已知的事情和经验进行思考,以自己的座位为中心,向半径几米内的同事征求意见即可。注意一定要避免"数据依赖症",即避免没有数据就无法思考的情况。

在这个信息过剩的时代,不凭借数据或信息很难进行思考。不过,能否坚持独立思考决定了思考的质量。不能因为信息不充分就不去思考,要在收集好信息之前试着发挥想象力。

想学习基于假说思考的工作态度,可以参考聚集了许多"思考专家"的管理咨询行业的工作方法。

① 咨询顾问通过假说进行逆向思考

咨询顾问需要为客户解决的问题中,既有自己熟悉领域内的问题,也有很多没有相关经验或知识的行业的问题,或者是不熟悉的业务。

这种情况下,为了设定初期假说,要在一开始的几天到一周内快速熟悉一下这方面的知识。网上检索、各类调查、阅读行业杂志等方式自不必说,还可以通过接触咨询行业资深人士,或是接触客户公司的OB会(退休人员聚会)掌握这一行业的结构和客户公司面临的问题。

然后,基于实际开展项目后得到的真正信息,在早期(前几周)得出假说,并用幻灯片展示最终报告,在假说的基础上写出具体事件。

具体来说,如图表3-2所示,分板块写出假说需要的信息流,思

图表3-2 案例示例

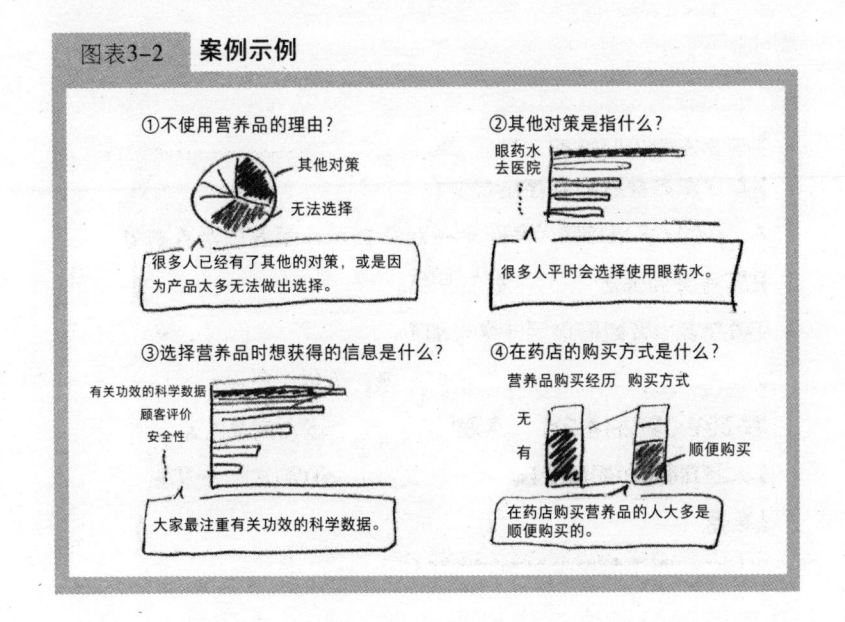

①不使用营养品的理由?
　　其他对策
　　无法选择
很多人已经有了其他的对策,或是因为产品太多无法做出选择。

②其他对策是指什么?
眼药水
去医院
很多人平时会选择使用眼药水。

③选择营养品时想获得的信息是什么?
有关功效的科学数据
顾客评价
安全性
大家最注重有关功效的科学数据。

④在药店的购买方式是什么?
营养品购买经历　购买方式
无
有　　　　　　　顺便购买
在药店购买营养品的人大多是顺便购买的。

考支撑这一信息需要何种图表和采访结果。这时不需要在意手上是否有实际的数据,直接设立假说即可。发挥想象力事先制作假定的报告资料,然后以验证资料的形式去收集实际数据,再制作验证这一假说的资料。

以假说想表达的结论,以及这一结论所需的依据为起点开展工作的方法可以称为逆向思考法。年轻的咨询顾问能在短时间内提高假说构建能力的原因除了反复快速地训练假说思考和假说验证能力之外别无其他。

② 使7-11便利店变强大的假说思考

我们身边就有一个明确将假说思考融入业务中,使业绩大幅度提高的例子。

7-11便利店中，从店长到员工，都要求基于假说思考订购商品。也就是说，在把握销售业绩等客观数据、提前收集信息以明确顾客潜在需求（有无活动、天气、气温等）的基础上，按自己的想法假设"顾客是出于这一理由需要这一商品的，因此这一商品会很畅销"，以此来订购商品。

然后，基于POS（店铺销售终端）数据查看哪种商品在哪一时间段的销售情况如何，从而验证设定的假说是否成立。

在每天重复假说思考、假说验证的过程中，订购商品的精准度就会提升。7-11便利店把订购精准度看作销售中最重要的一环。

图表3-3　订购饭团时的假说思考过程

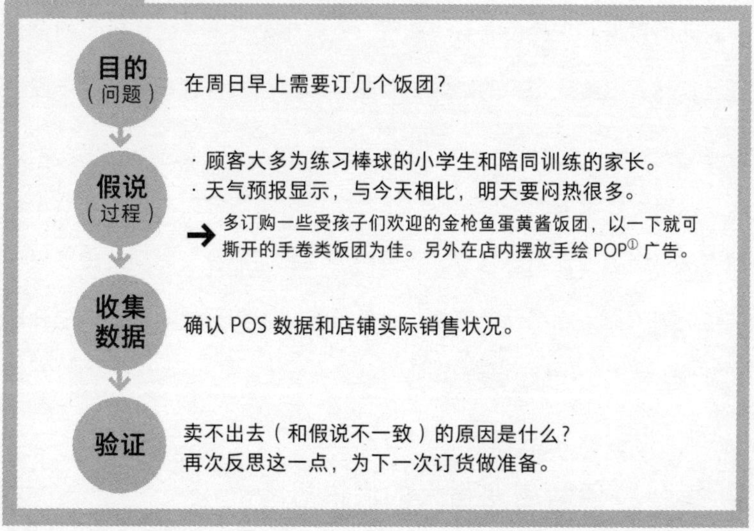

目的（问题）：在周日早上需要订几个饭团？

假说（过程）：
- 顾客大多为练习棒球的小学生和陪同训练的家长。
- 天气预报显示，与今天相比，明天要闷热很多。

→ 多订购一些受孩子们欢迎的金枪鱼蛋黄酱饭团，以一下就可撕开的手卷类饭团为佳。另外在店内摆放手绘POP[①]广告。

收集数据：确认POS数据和店铺实际销售状况。

验证：卖不出去（和假说不一致）的原因是什么？再次反思这一点，为下一次订货做准备。

[①] 商业销售中的一种店头促销工具，以摆设在店头的展示物为主，如吊牌、海报。——译者注

大多数便利店看上去都差不多。但是,为何分店最多的7-11便利店能维持高出其他连锁便利店近10万日元的日均营业额呢?支撑这一营业额的组织能力之一正是假说思考能力(《为什么说在7-11打工三个月就能掌握营销学》,胜见明著,PRESIDENT 出版社)。

如果仅仅是一次工作,在有假说或无假说的情况下结果不会有太大的差距。但是,正如管理咨询行业和7-11便利店的例子所示,差距是从是否反复进行了假说思考中产生的。

3.4 构建"可用"的假说

作为商务人士,大家不得不思考的"假说"到底是什么呢?因为是商务,为了得出结果必须采取某种行动。所谓可用的假说、好的假说,最终都能和行动相联系。

比如,看见天空布满云朵就会想到"天气多云",这只是事实的实况转播,完全没有联系到行动。但是,看见同一片天空,可以提出"阴天了所以一会儿可能下雨"的假说,从而联系到"带把伞去公司吧。出门前还要把阳台的东西收起来"这一行动。

在本章加强营销能力的案例中,提出的针对"业绩两极分化"这一现状的假说就没有联系到用数据进行验证的行动上。

进一步问自己,so what?(那又怎样?)按照"有必要提高做不到的人的水平"→"做不到的人在内勤上花费大量时间,没有拜访客户"的顺序,将原因和假说联系起来,就能提出"减少做无用功的时间,增加拜访次数"这一行动方案。

3.5 掌握构建可用假说的"问题"

从第1章我们可以看出,"抓住问题本质"是逻辑思考的重点。

为了进一步思考问题并得出假说,需要掌握经常出现的问题类型。当假说无法成立,通常是因为没有好好抓住问题本质,脑中无法得出大致印象。如果能够把握经常出现的问题类型,构建假说时就能成为可用的线索。

如果掌握了第2章中"灵活运用现有业务的思维框架"的重点,那么这一思维框架也能活用为设定问题的思维框架。

第2章还介绍了3C模式,在设想新产品的开发策划案时,可以套用"Customer:目标客户是谁?为什么客户会购买我司产品?Company:公司是否能够满足客户对这一商品的需求?Competitor:竞争对手采取了何种竞争方法?"的模式来构建假说。

同样,对市场营销中的主要因素进行提问的4P模式(商品、价格、广告/宣传、销售路径)、AIDMA模式(Attention:是否知道这一产品的存在?Interest:是否对其感兴趣?Desire:是否想要这一产品?Memory:是否能记住这一产品?Action:最终购买这一产品的可能性高吗?)以及营销策略的5F模式(这一行业内竞争是否激烈?来自客户的压力是否强烈?来自供应商的压力是否严峻?新加入这一市场的对手是否强大且数量不少？是否存在替代品的威胁？）等都是各领域前辈智慧的结晶，都可以运用于思维框架。

像这样根据框架的要素将问题直接套用在上面，可以成为思考假说时的线索。

除了上面提到的这些，还有一个解决问题时常用的思维框架，即 What-Where-Why-How 模式。

1.What：应该解决的问题（应有的姿态和现实的差距）是什么？

2.Where：问题出在哪里？

3.Why：为什么会出现这一问题？

4.How：应该怎么解决？

解决问题的时候，思维总会跳到自己关心的原因或针对解决方案的假说上，如果能够用这种模式设置步骤，就不会一下子跳到解决方案 "How" 这一步，而是先对问题设定假说，假设 "应该解决的问题是……"，再像 "这里是问题的关键，因此需要具体分析" 这样先后把握问题所在和必要的分析方法，按顺序设定假说。

请大家试着通过增加或活用问题框架，以假说为线索来解决问题。

3.6 为了提出初期假说，增加可提取的论据

接下来要怎样提出假说呢？大部分人到这一步都会有这样的疑问。

我们都知道已经存在的问题类型会成为催生假说的机会，但面对问题我们应该怎样假设答案呢？

假说构建能力、假说构建推动力的根源可以从"问题意识"和假说的"论据提取"两个方面来考虑。

假说构建能力 = 问题意识 × 论据提取

只要有对假说构建起到推动作用的问题意识，以及从知识或信息中提取出的论据，就能初步提出在业务中"可用"的假说。

❶ 从抱有问题意识开始构建假说

毋庸置疑，日常工作中抱有多少目的意识和问题意识（比如想再增加这方面的工作、这么做的话肯定不行）是假说构建的起点。

明天应该做和今天一样的工作吗？这一点对假说构建来说几乎不

必考虑。"想做得更好，在将来取得更好的成绩"，只有抱着这样的意识才能初步产生构建假说的意义，"为什么是这样？"之类的问题才会层出不穷，从而产生构建假说，向前推进工作的干劲。

此外，是否具有问题意识会对下一步的论据提取工作产生巨大的影响。大家在碰到自己感兴趣的爱好或与艺术相关的话题时，即便是无意中看到的信息，也会无意识地在脑中留下一定的印象。

如果工作时抱有问题意识，自然就会从有趣又庞大的信息中获得与假说论据相关的知识和线索。

❷ 没有论据（对商务的理解）的假说是不成立的

有人可能会觉得，假说是头脑灵活的人在什么都没有的情况下绞尽脑汁想出来的主意。畅销书作家詹姆斯·韦伯·扬在其著作《创意的生成》（*A Technique for Producing Ideas*）中提出，想法是对现有要素的重新组合，除此之外别无其他（an idea is nothing more nor less than a new combination of old elements），这是笔者非常赞同的一种定义。

把想法换成假说也一样，可以说"假说是对现有要素（知识）的重新组合，除此之外别无其他"。我们在第1章介绍演绎法时也提到过，为了增加知识重组的可能性，要扩大与商务相关的知识面，这一点十分重要。

零无论乘以多少最后结果都是零，假说也一样，如果完全没有作为假说基础的相关商务知识和论据，就无法提出初步假说。

如何整理出有关商务机制的论据和假想的数据基础，关系到能否顺利提出商务中"可用"的假说。

假说的论据提取＝
知识（从经验中学到的知识＋从书本中学到的知识）＋信息

作为假说论据被提取出的知识和信息大概分为两种类型。关于信息，我们会在第4章"信息收集能力"中具体说明，这里只针对假说构建所需的商务知识进行说明。

在知识中，最重要的是工作以来自己从经验中获得的知识。日常工作中，可以通过"这样做会得出那样的结果"的经验不断积累知识。经验是自己亲自体验过的东西，因此能够在脑中留下最深刻的印象。

另一方面，由于经验中蕴含的知识只有在经验中才能学到，也就是说，经验的广度和深度受限于经历过的业务，因此这些经验缺乏整体性，无法将其结构化。为了弥补这一不足，可以通过系统化的学习增加知识。

需要什么样的知识以及系统化到多大程度，取决于大家所面对的问题的难易程度。

比如，向前辈请教"明天要订购多少个饭团"这一问题时，如果明白哪些因素（天气、附近是否有大型活动等）会影响顾客购买能力，就足够用于设定假说了。

但是，如果你是便利店店长，为了回答"怎样才能提高利润"这一问题，掌握营业额和成本相关的会计知识自不必说，为提高利润还需要市场营销方面的知识。随着职位的提升，自然会被要求站在更高视角回答问题，必须掌握的知识面和视野也需要随之扩大。

面对与过去完全不同的"问题"，是否能够迅速设定"假说"是在提升职位时必然面临的一大问题。

然而在就任某一职位前，由于没有经验，很多情况下无法设定假说。因此，如果大家想在身居高位时做出更好的表现，就要在达到这一位置前不断学习，哪怕不完美，也要达到能够在某种程度上自己设定假说的状态。

为此，在通过学习和经验增加可提取论据的同时，不断进行假说思考的实践也是不可或缺的。

量变可以转换为质变。希望大家以本书为参照，试着进行假说思考的训练。

推荐图书：
《商务假说能力的打磨方式》，GLOBIS 著，岛田毅执笔，钻石社
《BCG 视野：假说驱动管理的魅力》，内田和成著，东洋经济新报社
《BCG 视野：战略思维的艺术》，御立尚资著，东洋经济新报社

第 4 章

信息收集能力

CHECK LIST

信息收集能力小测验

1. 无论是什么情况,在信息收集上花费的工夫都是一样的。　CHECK ☐

2. 在意识到要采取什么行动之前,大部分情况下会先收集信息。　CHECK ☐

3. 认为只要通过网络等途径有效地收集公开信息就足够了。　CHECK ☐

4. 对于二手信息,不考虑信息的前提就直接使用。　CHECK ☐

5. 不辨认网络信息的真伪就直接作为素材使用。　CHECK ☐

6. 做问卷调查时,没有意识到要明确自己的假说。　CHECK ☐

7. 做采访时,大部分情况下会相信对方的话。　CHECK ☐

8. 被要求收集信息时,没有确认其背景、截止日期和预算就直接进行。　CHECK ☐

说到商务活动，肯定离不开信息的收集。

"为进行某一正式的报告"而收集信息的机会可能不算多，但如果将被上司要求"调查一下某事"也算在内，信息收集就可以说是大家每天的日常工作了。

然而，虽然是日常行为，大家却并不知道信息收集的相关定义。出乎意料的是，大多数人都觉得"只要在网上搜索就可以了"。

大家知道"Garbage in，Garbage out"吗？直译过来是：如果你往里面放垃圾的话，得到的也只能是垃圾。也就是说，如果使用的数据可信度不高，那么无论采取何种高端分析技巧，也不可能得出有意义的结果，这从根本上表达了"信息准确度"的重要性。

没有人希望通过垃圾大量生产垃圾。本章中，为了不陷入这一误区，会给基本的信息收集下一个定义。

4.1 构建假说时要有用 Quick & Dirty 的方式收集信息的意识

第3章中我们学习的"假说"一词与信息收集有着密不可分的关系。重点在于,"构建"假说时的信息收集与"验证"假说时的信息收集有所不同。

下面我们来具体思考一下。假设你们公司新产品的销售业绩不太理想,为此你被命令去调查一下原因。这时候最重要的是对原因提出假说。如果在这种状况下,勉强能够算作假说的东西并没有足够的信息依据,得不出全部的思考范围,就应该准备为构建假说进行信息收集。

在第3章中提到过,信息对"提出假说"必不可少。在完全没有信息的情况下假说是不可能成立的。

另一种情况就像"销量不好的原因不在商品本身,而在于需要卖出的商品太多,销售无法把控"这样,能得出一定程度上与原因相关的假说,然后基于相应的信息来收集可以验证假说的信息。

那么,这两种信息收集的方法具体有哪些不同呢?简单来说,是需要花费的工夫不同。

构建假说时的信息收集是"Quick & Dirty(粗制滥造)"的,也就是说，其基本要点在于避免花太多时间，尽早着手。在这个阶段不需要进行详细的信息收集工作。

那么，怎样才能实现"Quick & Dirty"呢？这里我们需要做的是集中注意力，把握整体感觉，不要突然跳到细节上。

如果出现前面所说的营业额下降的情况，可以从这几年营业额的变动曲线、商品或地区营业额的分布图等方面收集数据，不需要太麻烦，重点是大致把握这些数据。

即使是大致的数据，只要仔细观察应该也会有很多让人不由自主地"哦？"一声的发现。这些发现就能成为假说的素材。

"营业额从这个时间点开始下降，原因是否在于○○？""只有这个地方的营业额有所下降，原因是否在于□□？"要像这样，首先集中从大致数据中得出一个粗略的假说。

大家很容易陷入一个误区，就是在假说还不够稳固的阶段就花费大量时间执着于细节问题，等仔细研究完这一细节，发现什么结果都没有后，再回到原点重新出发（= 浪费时间）——这就变成了一个大工程。

笔者认为，为构建假说进行信息收集工作的规则是不花费一天以上的时间。无论如何，从顺序上来说，应该首先在 Quick & Dirty 的基础上纵观全局，设定假说。

4.2 验证假说时的信息收集

假说构建完成后,为了验证这一假说,应如何进行信息收集呢?在构建假说的时候,Quick & Dirty,即尽快且粗略地工作至关重要。而在验证假说的时候,这一模式就要有所改变了。和刚刚的 Quick & Dirty 相反,验证假说时需要花费大量时间仔细收集信息。

信息收集的准备工作大致可以分为3个步骤:提出大致构想→确定框架→决定信息收集的方式。接下来我们会一步一步地对此进行分析。

❶ 首先提出对结论的大致构想

首先考虑一下完成信息收集和假说验证后,自己想得出什么样的结论。这一事先构想十分重要。

这一部分已经在第3章"假说构建能力"中进行了介绍,因此不再详细说明,只简单回顾一下。

我们提出的假说是:销量不好的原因不在商品本身,而在于需要卖出的商品太多,销售无法把控。这时候需要事先准备好能够确切描述这一假说的演讲资料等素材。

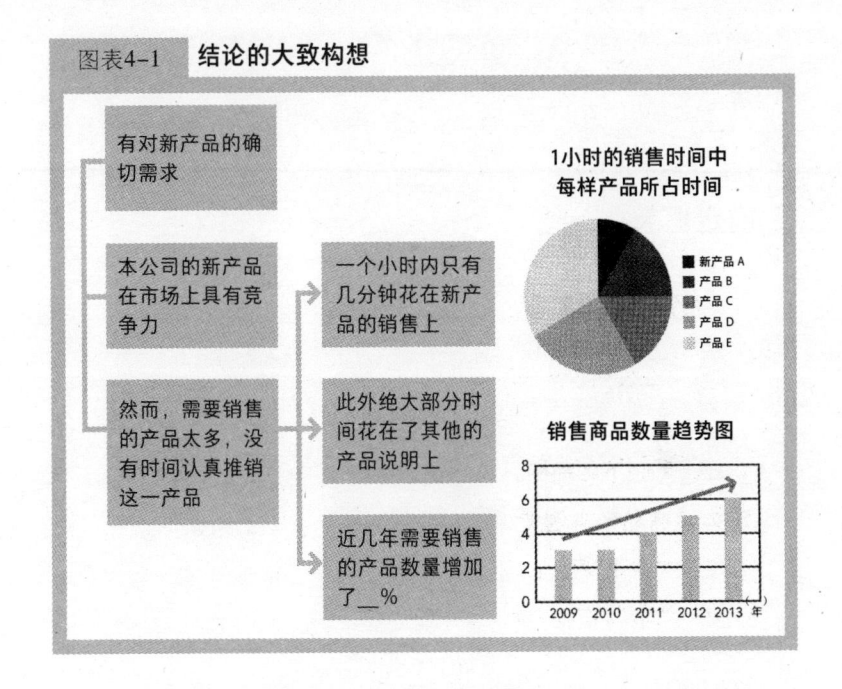

图表4-1　结论的大致构想

```
┌─ 有对新产品的确切需求
│
├─ 本公司的新产品      ┌─ 一个小时内只有
│  在市场上具有竞          几分钟花在新产
│  争力                    品的销售上
│
├─ 然而，需要销售      ┌─ 此外绝大部分时
│  的产品太多，没          间花在了其他的
│  有时间认真推销          产品说明上
│  这一产品
│
│                      ┌─ 近几年需要销售
                          的产品数量增加
                          了__%
```

1小时的销售时间中每样产品所占时间

■ 新产品A
■ 产品B
■ 产品C
■ 产品D
□ 产品E

销售商品数量趋势图

（柱状图：2009年约3，2010年约3，2011年约4，2012年约5，2013年约6~7，呈上升趋势）

　　这一构想中，不得不提作为大前提的有"对新产品的确切需求"和"产品具有竞争力"两件事。为了表达"销售体制本身是个问题"，必须首先证明"除了销售体制外不存在别的问题"，这样从逻辑上才能说得通。提出这一大前提后，还必须指出"没有认真推销产品"和"需要销售的产品太多"这两个问题。

　　前者"没有推销产品"的结论是通过对1小时的销售时间中新产品所占时间的调查得出的，因为新产品在这1小时中只能占到几分钟的时间。

　　而"需要销售的产品太多"这一点则是前面数据的延伸，在展示新产品以外的销售时间的同时，也能够发现这几年商品数量的大致变化。

即使一开始的构想有些粗糙也没关系，这些工作会使信息收集变得简单起来。

❷ 确定框架

接下来，要确定能够支持这一构想的大框架。在第2章和第3章中提到，要得出大致的结论，支撑其成立的依据（＝框架）必不可少。以刚刚新产品的例子来说，如果以3C模式（顾客、对手、公司）为框架，就能明白结论是如何组成的了。

像这样确定了设定假说所需的框架后，我们会清楚地发现只要根据这一框架收集信息就可以了，并且能避免调查方式过于片面的问题。

信息的收集工作做得越彻底，得到的信息量就越大，这会把人淹没以致无法进行下一步工作。为了避免这种情况，大家可以在进行具体的信息收集时将框架作为索引灵活运用。

❸ 决定信息收集的方式

完成以上两步后，在正式开始收集信息之前，还需要考虑信息收集的方式。

信息收集的方式大致可以分为两种，第1种是自己直接收集"第一手信息"，第2种是收集他人出于某种目的已经调查完的"二手信息"。重点是要有效地将这两种方式组合使用。

4.3 掌握信息收集的技巧

接下来让我们看看在实际收集信息过程中需要注意哪些事情。

① 通过组合第一手信息和二手信息进行信息收集

代表性的第一手信息有自己做的问卷调查或采访、行为观察等。

二手信息包括官方的统计数据、报纸、杂志、书籍、论文或各种报告以及在网上检索到的信息等。

虽然都叫作信息收集，但其收集方式是多种多样的，在本章提到的网络检索不过是信息收集工作的一部分。此外，无论是第一手信息还是二手信息，都必须注意以下几个要点。

② 二手信息需要把握"前提"

大多数情况下，二手信息在实际工作中的使用更为常见。原因在于不需要花费太多时间就能快速获取二手信息。

然而，正如我们刚刚提到的，二手信息是某人出于某种目的收集的信息，囫囵吞枣是不可取的，必须把握好几个要点。

首先，要理解信息的"前提"。在这里通过具体事例进行说明。

相信大家经常听到"年轻人不读书的现象越来越严重"这一观点。这是真是假呢？我们通过二手信息来调查一下。

首先，有一些与这一观点直接相关的数据，可以将其视为证据。

日本全国大学生活协同组合联合会提出的2014年度（第49回）《学生生活现状调查报告概要》中指出，学生每天的阅读时间平均为26.9分钟，是自2004年采取同种调查法以来的最短时间，其中完全不读书的学生达到40.5%，首次超过4成。各大媒体和网络新闻也对"4成"这一数字进行了强调，引起了人们的广泛关注。

仅仅看这一数据，确实能够得出年轻人不读书现象越来越严重的结论。然而，在急于下结论之前，要先确认一下这一数据的前提。

首先，作为数据调查对象的大学生指的是谁？报告提到"大学生活协同组合联合会为了比较历年数据，每年从指定的30所大学调查8 930名学生"。此外，从数据来看，调查中公立大学和私立大学的学生比例大约为6∶4，公立大学的学生比例更高。但实际调查的基本数据比例为2.5∶7.5，私立大学的学生数量压倒性地超过了公立大学。

也就是说，通过比较实际数据可以看出，一开始提到的样本数据过于偏向公立大学。

此外，还有一个大前提是以"阅读时间"为轴来测定阅读量。公益社团法人全国学校图书馆协议会的"第59回读书调查"数据显示，无论是小学生、中学生，还是高中生，阅读册数相比往年均有所增长。

由于这一调查中没有关键的大学生数据，因此无法进行直接比较。但究竟是根据阅读时间还是阅读册数来测定阅读量，"年轻人"

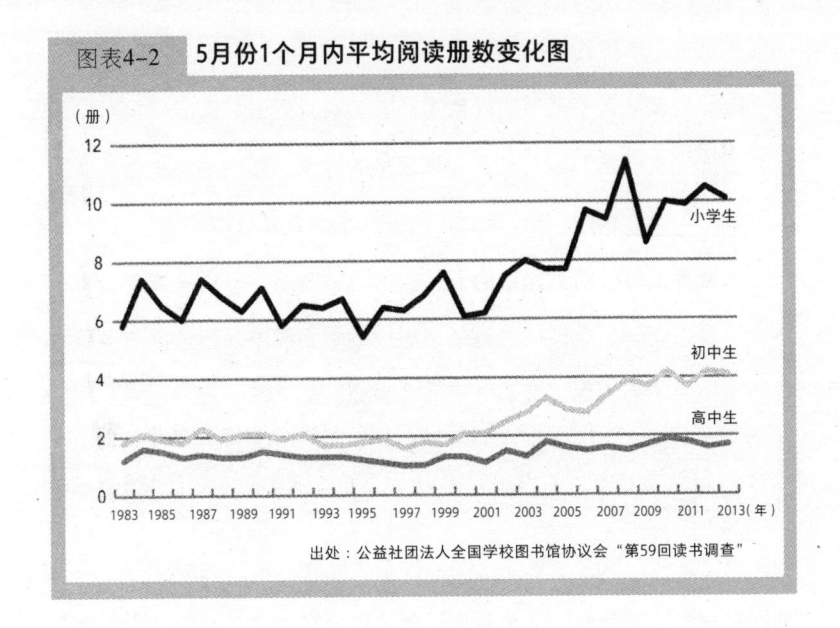

图表4-2　5月份1个月内平均阅读册数变化图

(册)

小学生
初中生
高中生

出处：公益社团法人全国学校图书馆协议会"第59回读书调查"

这一词的范围只限于大学生还是适用于更广的范围，前提的不同会直接导致结果的不同。

再者说，能够称之为阅读的书又指哪些？漫画是不是不算？手机小说是吗？判断标准也都相当难以界定。

当然，我们并不是要在这里讨论这一数据的好坏。但如果要基于大学生活协同组合联合会的调查数据提出"年轻人不读书的现象越来越严重"这一观点，至少要了解这一数据成立的前提，必须意识到年轻人是指以公立大学学生为主的调查对象，并且是以阅读时间为基础进行的判断。

除此之外，使用二手信息时还要注意以下两个要点。

・通过何种调查手段得出的？

・进行了怎样的数据加工？

以此次年轻人不读书的现象为例，大家肯定很在意"实际对学生提出了怎样的问题"这一点。如果直接问大家"你们每天平均花多长时间读书"，没有好好做记录的人说出的数据肯定很奇怪。

如果是读书时间不固定的人，被问的时间点不一样答案应该也不一样。是以在一定时间段内记录下来的数字为样本，还是仅仅用数字进行提问？了解具体的调查方法很有必要。

虽然信息的前提可能会标注在表格下方，但进行引用时很可能将其漏掉，直接引用了没有前提的信息。这一错误经常出现。

无论如何，二手信息是已经经过某人收集和加工的数据，必须在确认其制作背景和意图后再使用。尤其注意不要轻易借用二手信息。

③ 看清网络信息的"内幕"

说到要注意的地方，使用从互联网上获得的信息时更要慎重。网上流传的大部分信息都没有充分依据，多为在臆测的基础上得出的信息。

如果只是抱着有趣和娱乐的想法来看这些信息，倒是没什么问题，但如果将其作为商务上验证假说的材料就十分危险了。

刚刚提到的年轻人不读书之类的信息就是从网上查到的，如果要使用这一信息作为验证材料，至少要找到这一主张的内部依据。

没有出处的信息不应使用。这一出处的网址后缀是否为财团法人等法人组织或国际机构、高等教育机构、政府机关等也是需要确认的重点。此外，出处暧昧不清的时候，要从两种以上的信息源进行确认（交叉确认）。

最近我们发现，有不少直接引用维基百科数据的情况。维基百科采取"也应该欢迎不完全充分的投稿"的方针，因此其中的信息并不足以信赖。

当然这其中也有可信度非常高的信息，但如果是专业性很强且较为特别的事项，很容易会被作者（＝不知道是谁的匿名作者）的主观思想左右。

用关键词进行搜索时，在比较靠前的页面弹出的信息也很容易引起大家的注意，给人带来先入为主的错误判断。至少不要在查完维基百科后就觉得信息收集工作已经完成。

❹ 珍惜自己直接取得的第一手信息

刚刚我们说到，二手信息的种类从互联网检索到官方数据广泛多样，很难精准找到所需信息。此时不要为"怎么找也找不到"而感到灰心，还有第一手信息，即自己创造信息这一方法可以采用。

假设有一家餐饮连锁店正苦恼于市中心办公街分店的营业额有所下降。你提出了"这并不是因为败给了竞争对手，而是生意逐渐被在家准备好的便当取代了"的假说。

你觉得将朋友包括在内做一个简单的问卷调查也不错。或者可以在午餐时间观察店铺前的通行人数和进店人数，和其他竞争店铺做一个比较。雇佣兼职花费一周的时间，只对路上情况进行调查就能得出有帮助的第一手信息。

提出的假说越尖锐,就越没有多少二手信息可以利用。为了验证这一假说,也只有自己着手行动。

特别是思考该推出什么类型的新产品时,通过直接听取客户意见这一方式就能收集到十分有效的信息。大多数情况下人们会认为第一手信息不够充分,因此倾向于反复查询二手信息。越是擅长信息收集工作的人越容易陷入这一误区。但是,无论怎么反复推敲二手信息,也很难有新的发现。

如果是展示给客户的商品或服务,就算不完整也没关系,建议大家首先做一个样本出来,听听客户的反馈。

直接的顾客反馈是无可替代的第一手信息。

⑤ 注意问卷调查和采访不是万能的

说到第一手信息的收集,首先映入脑海的一定是问卷调查和采访两种方法。通过实际的对话,肯定能得到大量的信息。

虽然问卷调查和采访确实是获得第一手信息的有力工具,但需要特别注意,人们所说的话会有与事实不符的情况。

假设你买了某辆车,在接受"为什么会选择这辆车"的采访时,你会怎么回答呢?大多数情况下人们会试图以"逻辑且全面"的方式来回答,例如"首先考虑预算的话有 A,B,C 三个选择……"

然而,实际上可能是出于没什么道理的冲动,或者是由于家人反对而妥协的产物。并且,我们在接受采访时,会省略掉这类不好说明或者不太想说明的要素，或者对其稍加润色。虽然是当事人所说的话，是不是值得信赖的信息又另当别论了。

《顾客如何思考》(*How Customers Think*，Gerald Zaltman 著) 一书中的调查结果显示："人们在做出行动时，自己能意识到的行动占5%。"

人们在无意识的情况下做出的行动，正是让人无法完全信赖采访回答的重要原因。除此之外，虚荣心和社会地位也会对这一结果产生影响。从社会地位来说，有可能会出现"本来喜欢 A 商品，但如果直言喜欢的话会造成其他方面的麻烦，只能硬说喜欢 B 商品"这样的状况。

因此，为了正确地理解采访信息，必须了解谁在什么场合以什么方式被提问等前提，否则无法得到正确的结论。

当然，和采访一样，问卷调查的设计上也存在必须知道的几个要点。具体来说，问题中没有包含解释或价值判断、没有会让回答者从多种角度理解的暧昧说法、一个问题中没有问到多种事情等几项是基础中的基础。

举个例子，"对于营业额非常低迷这一状况，你怎么看？"这一问卷调查中就存在以下几个问题，一是"非常低迷"这一说法包含了解释在内，二是"怎么看"并没有指出针对什么怎么看，提问含糊不清让人难以理解。这样一来无论收集了多少答案，得出的数据也无法反映出真实情况。

采访和问卷调查确实是收集第一手信息的重要方法，但需要特别注意提问的方式。从这一观点来看,仅仅靠一个人很难进行真正的采访。

为了不浪费采访这一宝贵的信息收集方式,事先进行简单的采访演练,反思提问的方式,或者两人进行采访等,一些必要的准备工作必不可少。

⑥ 通过"观察行动"获取信息

要弥补采访带来的暧昧不清的信息,还有"观察行动"这一方法。从某种程度上来说,这是一种原始且需要花费大量时间的方法,即站在实际的当事人面前,观察其每一步行动。之所以通过观察行动能够得出结果,是因为"行动不会说谎"。

与采访或是二次加工过的二手信息不同,行动是没有经过任何加工的既成事实,因此具有价值。

我们来看看下面这个例子。《最好的练习——日产打造最强店铺的"百日之战"》(峰如之介著,中央经济社)一书中,生动地介绍了日产汽车在汽车经销店的改革中是如何奋斗的。他们频繁采用的正是"观察行动"这一方法。

跟在总是能取得良好业绩的店长身边,从上班到下班,以分钟为单位观察他具体做了什么。然后,在其他各店也采取同样的方式,收集店长的行动信息,推导出"店长应有的行动模式"。

由于这是每个人的实际行动,具有无法用语言表现的说服力,根据这一模式就可以看出店长的行动有非常大的不同。

这就是通过直接观察二手信息中无法传达的信息,从中得出结论的一个例子。

⑦ 判断该采取哪种信息收集方法时可以考虑"制约"和"冲击力"

虽然介绍了各种各样的信息收集方法,但一旦投入实际运用,大多数人还是会对应该怎样收集感到烦恼。这时候对"制约"和"冲击力"的考虑就尤为重要了。

这里说的"制约"有时间制约、人力制约、成本制约等。其中最容易成为瓶颈的,应该是时间制约。

当然,没有任何制约,时间和金钱都十分充裕的情况是不存在的。首先把握住这些制约条件才是第一步的重点。

另一方面,还需要了解待验证的假说会给对方带来多大的"冲击力"。如果能够给对方带来足够的冲击,那么我们自然会认为有必要细心谨慎地进行调查。而如果这一事情没有多大冲击力,就没必要花时间进行调查了。

收集信息时,首先要从大局上观察横轴和竖轴,思考需要花多大的工夫。

接下来,如果信息收集工作是上司或者客户的指示,为理解横竖轴,至少要与信息收集的委托者一起推敲以下3点,具体为:

● 信息收集的背景或目的(信息收集完成后,会促使什么人采取怎样的行动?)

- 截止日期
- 预算

如果没有抓住这3点,信息收集工作肯定无法进行下去。这3点不同的话,即使主题相同,信息收集的方法也会有很大的不同。虽说如此,不好好确认以上3点就直接进行信息收集工作的情况也不在少数。

比如说,"不好意思,你能去调查一下最近的畅销商品吗?"对上司的这一命令,如果只是回答"知道了",就已经在信息收集的第一步迈出了完全错误的步子。必须要和指示者明确确认过目的、截止日期和预算这3点后再开始信息收集工作。

在这一基础上,我们再来看看由两条轴线组成的模型。模型右上

图表4-3　信息收集方法的选择

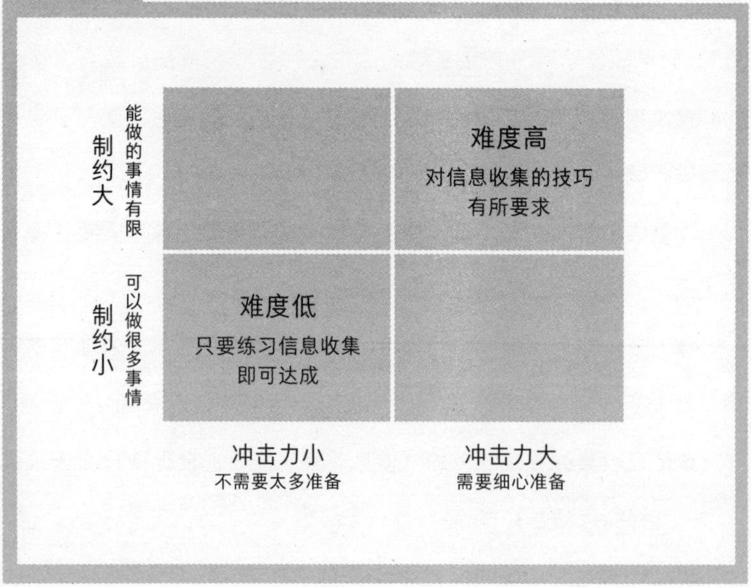

	冲击力小 不需要太多准备	冲击力大 需要细心准备
制约大 能做的事情有限		难度高 对信息收集的技巧有所要求
制约小 可以做很多事情	难度低 只要练习信息收集即可达成	

角的区域,即具有各种制约且冲击力强的问题区域,是需要强大的信息收集技巧的区域。因此,如果不在正确理解本章介绍的信息特性的基础上收集信息,就非常容易陷入误区。

那么,为了充分发挥高难度的右上角区域的价值,需要怎么做呢?直截了当地说,需要多多练习左下角低难度区域内的事情。

如果碰到制约大且冲击力大的情况,信息收集能力还没有得到充分锻炼的人就只能一味地复制粘贴一些不靠谱的二手信息了。

练习不足的人在突然遇到高度紧张的正式情况时,是无法直接上场的。因此,首先要在游刃有余的左下角区域,比如销售例会报告等场合有意识地综合第一手信息和二手信息进行收集工作。如果不这样做,在右上角区域发挥能力的可能性几乎没有。

目前为止还没有意识到这些方法的人,一定要试着创造机会从身边的事情进行实践。

⑧ 不要以信息收集为目的

至此虽然已经介绍了信息收集的基础方法,但还需要特别强调一点,就是要有目的地收集信息。

虽然在商务活动中是为了做出某一决策而进行信息收集和分析工作,但很多情况下信息收集反而成了主要目的。我们经常会看见很多人不断思考"没有这方面的信息吗""没有那方面的信息吗",在信息收集上花费巨大的精力和时间,一味追求完美。

然而,决策所需的必要信息是不可能收集完的。如果收集完了全部信息，很可能会错过决策的最佳时机。

一般来说，理解收集到的信息比收集信息本身要花费更长的时间，信息收集完成后的工作也是一项大工程。

仔细收集信息固然重要，但脑海中必须明确收集信息之后的行动。

要时刻意识到目标是做出决策，不要陷入自我满足的陷阱中。

信息收集时可检索的信息资源一览

在商务活动中收集信息时，信息资源可以分为宏观资源和微观资源两类。宏观以行业或市场为视角，微观以某个公司或个人为焦点。下面我们分别介绍这两类可作为参考的代表性信息资源。

【宏观信息】

● 日本国立国会图书馆　搜索·导航

· 可使用图书馆资料、网站、数据库等各类信息门户（搜索·导航 rnavi.ndl.go.jp/rnavi）。

● 政府部门官方资料

· 作为政府统计综合窗口的 e-Stat（http://www.e-stat.go.jp/SG1/estat/eStatTopPortal.do）是有关日本统计数据的门户网站。

● 自治体的资料

- 和政府官方资料一样，各自治体也有自己的官方网站，会在上面公开统计数据。以东京都为例，"东京都统计"（http://www.toukei.metro.tokyo.jp）这一网站上刊登着各类数据。

●各业界团体的资料

- 根据各行业成立的业界团体的资料，可以接触到行业整体的统计信息。

- 业界顶级企业的官网或行业相关书籍，或者搜索"行业名称+协会"等关键词，可以查出该业界团体的资料。

●JETRO[①]信息等

- JETRO的官网收集整理了出口、投资等海外业务所需的各类信息，可以搜索到以国家或地区进行分类的商务信息、展销会信息、进出口相关制度或统计等各类信息。

- 此外，经济合作与发展组织（OECD）的官网中，有被分成30多个主题的论文，可以阅览或下载以加盟国信息为基础的各种统计数据。

- 联合国或各国的统计信息官网中，也有大量可免费查阅的统计数据。

【微观信息】

●民间调查公司资料

[①] 日本贸易振兴机构。——译者注

- 富士经济或矢野经济研究所等调查公司的报告，或是投资银行、评级机构等发布的分析报告中，也刊登了行业动向或个别企业的详细信息等。
- 活用帝国数据银行或东京商工调查等信用调查公司的数据，可以获得未上市企业等从外部难以获取的企业数据，掌握大致的信用信息。

● 信息平台与信息检索服务

- 日本能率协会综合研究所提供的 MDB（Marketing Data Bank）中，积累了有关商务或市场的大量数据，还提供对必要信息的检索服务。
- Uzabase 公司提供的 SPEEDA 信息平台，可以综合检索各类统计数据或分析报告、经济信息等。虽然需要其他合约，但不分地区和行业，可以进行大范围的信息收集。
- 日经 Telecom 21 数据库中，囊括了各种商业杂志报道或新闻，可以在庞大的数据中通过关键词检索出相关信息。

推荐图书：
《锻炼商务数字能力》，GLOBIS 著，田久保善彦执笔，钻石社
《看透不透明时代的"统计思考能力"》，神永正博著，日经商务人文库
《营销 采访》，上野启子著，东洋经济新报社

第 5 章

数据与信息分析能力

CHECK LIST

数据与信息分析能力小测验

1. 被上司或同事询问"出于什么目的进行这一分析"时，常常因答不上来而感到焦急。　CHECK ☐

2. 认为在分析过程中利用 Excel 及数据制作各种图表十分重要。　CHECK ☐

3. 埋头在眼前的分析中，等意识到的时候时间已经不够了。　CHECK ☐

4. 不知道如何具体确认假说，不知道为了确认需要做哪些图表。　CHECK ☐

5. 虽然听过帕累托法则这样的词，但不知道这对自己的工作有什么意义。　CHECK ☐

6. 在制作图表时，大致凭感觉选择图表类型，无法明确说出选择这类图表的理由。　CHECK ☐

7. 听说日本每个家庭持有的金融资产（存款、股票等）平均约为1,100万日元，虽然感觉不对劲，觉得"大家真的都那么有钱吗？"却无法清楚地说出哪里不对劲。　CHECK ☐

8. 被问到"日本有多少根电线杆"的时候，完全推断不出来。　CHECK ☐

第 5 章 数据与信息分析能力

第5章将对做高精准度的决策时不可或缺的数据与信息分析能力进行说明。这相当于第3章"假说构建能力"中"3.3通过假说思考推进工作"的部分（请参考图表3-1"假说思考的步骤"）。

分析方法大致可以分为使用数字的定量分析法和不使用数字的定性分析法。由于在商务活动中会更多地用到数字，因此这里我们重点介绍使用数字的定量分析法。

"总之我收集了大量数据并做了很多图表，但大多数情况下最后还是会被问到底想说什么""看了其他人做的图表之后并不知道应该从中看出什么""我不擅长计数，也很讨厌数字"等，很多人苦恼于不知道如何用数字进行分析，不知道怎么跟数字打交道。

说到使用数字进行的分析，很容易联想到在高中或大学学过的难懂的"统计"或复杂的图表计算软件的操作方法。但其实本质上的思考方法和视角非常简单。

本章主要围绕什么是分析、从什么视角进行分析、怎么分析进行说明。

5.1 分析 = 比较

我们首先了解一下确认简单假说的分析。

大众媒体频繁报道了国债问题。导致发行国债的原因是财政赤字,我们经常可以听到一些报道或观点表明,其中一个原因是日本的公务员太多且公务员制度的效率很低。

我们来实际分析确认一下"日本公务员太多"这一观点。

如果真的要说"太多了",首先需要知道跟什么比起来"太多了"。这里我们是以日本这一国家为单位进行分析的,因此将与其他国家比较是否"太多了"。

由于每个国家的规模不同,单纯比较公务员的数量没有意义。

想知道一个国家中公务员数量相对来说多不多,我们可以试着比较一下公务员人数在劳动总人数中所占的比例。对于分析来说,比较对象是否贴切极其重要。在英语中形容比较对象贴切的说法是"apples to apples"(苹果跟苹果比),如果不贴切则是"apples to oranges"(苹果跟橘子比)。如果不考虑国家的大小直接用人数进行比较的话,就会变成 apples to oranges。

基于上述原则,我们来试着谨慎地表述一下想要确认的假说。我们可以说,日本公务员人数占劳动总人数的比例高于其他国家。

用图表来表示的话就一目了然了。2008年在作为调查对象的30个国家中，日本公务员人数占劳动总人数的比例为7.9%，并且这一数字还不是最多的时候，反而是最少的时候。分析的本质就在于"比较"。

这一例子中，我们通过比较各国公务员的比例确认了日本公务员太多这一假说。实际上大家每天使用数字进行分析的本质就在于比较。没有比较的分析是不成立的，这么说也不为过。

那么接下来应如何具体分析呢？我们来看看分析时需要注意的角度和实际的比较方法。

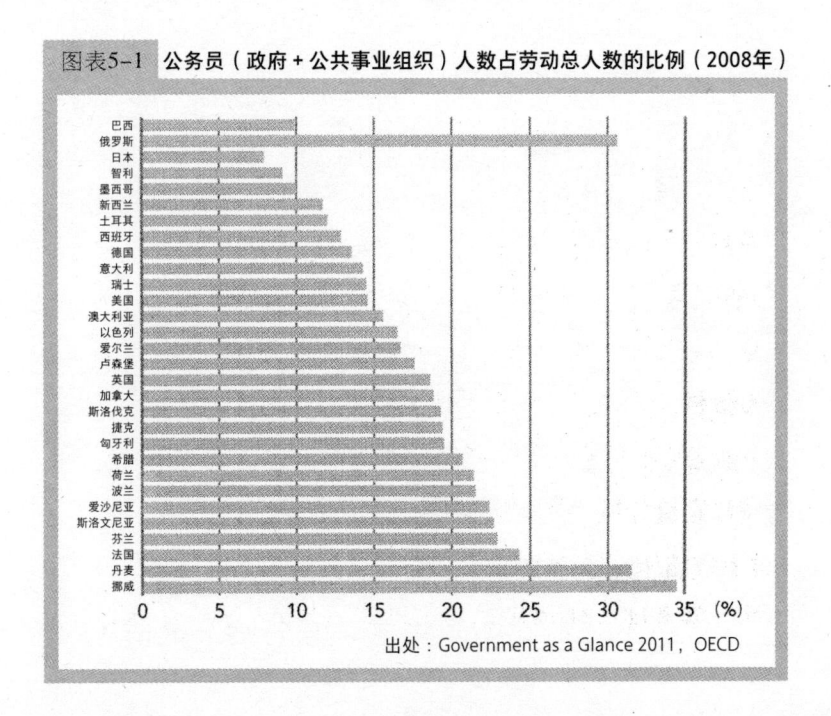

图表5-1　公务员（政府＋公共事业组织）人数占劳动总人数的比例（2008年）

出处：Government as a Glance 2011，OECD

5.2 熟练掌握分析的 5 个角度

将数据集中在比较轴上进行比较，可以得出很多结论。下面我们将分析角度分为以下5种：

①影响 ⇒ 大小如何？
②差距 ⇒ 差异是什么？
③趋势 ⇒ 有什么变化？
④偏向 ⇒ 分布如何？
⑤模式 ⇒ 规律是什么？

❶ 分析影响（大小）大的部分

第一个角度是分析对象的影响力大小，即思考分析会给最终结果带来多大的影响，据此选择分析结果的精确度和分析方法。也就是说，要回答"这一分析花费的时间和精力有意义吗？"这一问题。

特别是定量分析的时候很容易埋头在分析作业中，陷入"捣鼓数字""为了分析而分析"的状态。比如，判断10亿日元的设备投资是否可取时需要的分析精度和分析量，与为了1万日元的经费支出向上司请示时需要的分析精度和分析量肯定是不一样的。

我们会在不知不觉中把显眼的机会或问题看得很重要，很容易据此来进行下一步行动。然而，没有人能保证显眼的机会或问题就能对最终结果产生大的影响。

因此，商务活动中必须认真考虑想要分析的问题能够产生多大的影响。

即使发现存在小的问题，也应对其忽略、不做分析。

② 着眼于差距（差异）进行分析

差距是指通过对一般分析对象的比较，认识到分析对象和比较对象的差异，即通过"什么是相同的"来认识"什么是不同的"，通过思考为什么相同或不同，来理解分析对象的固定特征。

着眼于差距（差异）的分析方法经常用于商务活动中，通过比较设定好的目标或计划值、基准点而进行的分析正是着眼于差异的分析。

商务活动中虽然也会用到高、低、大、小这些有关比较的表达方式，但经常有时候不知道跟什么进行比较能够得出差异。

因此，首先要明确比较对象；其次，在决策时，选择比较对象和比较轴、确认比较是否贴切也是非常重要的。

在选择恰当的比较对象时，可以参考以下有关比较轴的案例。

● **是使用绝对数值，还是比例（%）？**

从本章开头提到的公务员的例子可以看出，分析时是使用公务员人数这一数字本身还是公务员人数占劳动总人数的比例（公务员人数÷劳动总人数），将得出意义完全不同的结论。

● **观察流通量还是总量？**

一般来说，在一定时间内流动的数量称为流通量（flow），在某一时间点存在的数量叫作总量（stock）。

对经济发达程度进行比较时，可以考虑比较作为流通量的收入和作为总量的资金保有额两种方法。企业的财务会计中表现收支的损益表即对应流通量，资产负债表则对应总量。

③ 着眼于趋势（变化）进行分析

观察趋势的时候，要着眼于时间轴的变化，特别是其倾向以及倾向的拐点。

也就是说，将过去、现在、未来与时间轴进行比较时，要考虑有怎样的倾向，是增加还是减少，增长率如何等问题。比如说，分析营业额及利润、人口变化时，首先要观察趋势。为了抓住变化的本质，要尽可能把握长期趋势。

④ 着眼于偏向（分布）进行分析

观察偏向是指观察构成整体的各要素之间的偏差程度，也就是观察各要素是否偏向集中于某一特定部分，或者整体分布是否均匀，比较并把握整体结构。

实际上，世界上大多数事物的分布都是有偏向的，某一部分给整体带来巨大影响的事情是很常见的。这一规律被称作"帕累托法则"（二八定律），自古以来就有流传。一般来说，像"前20%的高级客户占有80%的营业总额"的例子在商务中十分常见。

在商务活动中，能够使用的资源和时间是有限的，因此处理事物要从重要的部分着手，或者从受影响程度更大的部分着手。

关注偏向就能够据此给工作设定先后顺序，对解决问题大有帮助。在帕累托法则的指导下，首先解决前20%的重要问题，剩下80%的问题自然也会迎刃而解。

⑤ 着眼于模式（规律）进行分析

通过比较各分析对象之间的关系，可以发现潜在的模式（规律），还能发现一些特殊点，以及大幅度改变倾向的拐点。

我们来看看以下几个要点。

● 找出"模式（规律）"

找出规律意味着找出"如果具备 A 特性就会变成○○""A 越多越容易变成△△"这样的倾向或规律。

比如，图表5-2对日本便利店的规模与利润率的关系进行了对比。从表中可以看出规模越大收益越高这一规律。

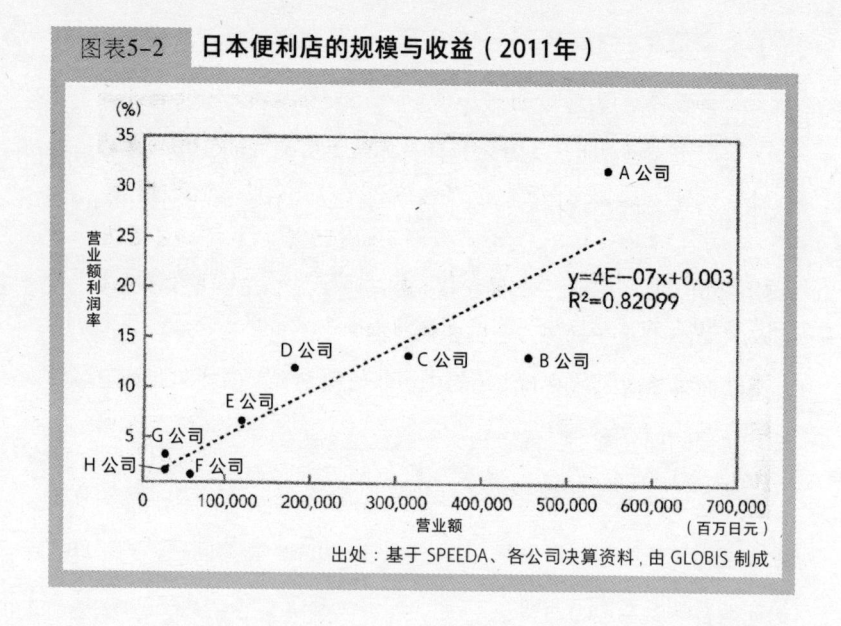

图表5-2　**日本便利店的规模与收益（2011年）**

（纵轴：营业额利润率(%)，横轴：营业额（百万日元））

数据点：A公司、B公司、C公司、D公司、E公司、F公司、G公司、H公司

$y=4E-07x+0.003$
$R^2=0.82099$

出处：基于SPEEDA、各公司决算资料，由GLOBIS制成

这一般被称为"规模经济性"。

找到商务活动中的规律有何益处呢？找出规律可以提高预测的准确度以及对策的利用率。

以便利店为例，为了提高收益，扩大规模是非常有效的方法之一。

此外，找出规律也是找出特殊性和拐点的基础。

● **找出"特殊性"**

找出特殊性是指，找出与规律或模式的特征不同的要素。

着眼于特殊性的好处在于，特殊点本身就潜藏着无法预测的商业机会，通过明确特殊性的发生机制，可以获得之前没有想到的有关商务活动的提示。

在便利店的例子中，且不论 A 公司是否具有特殊性，它位于距表示固定模式的趋势线略远的上方，因此应该还存在仅凭规模经济性无法完全说明的独特经营方式。

通过对比 A 公司和其他公司的经营方式，了解其做了怎样的努力，就能找出有助于提高收益的线索。

● 找出"拐点"

找出拐点指的是，可以看到与目前为止观察到的规律不同的规律，找到急剧变化的重点。

比如，大家都知道气温等与气候相关的要素会对很多商品的销售产生影响。大多数季节性商品会在超过一定温度或气温下降时突然变得畅销，因此零售行业必须对气温的变化保持敏感。

大家都知道，在从春天过渡到夏天，气温上升的时候，超过20摄氏度啤酒会开始热卖，超过26摄氏度后冰激凌会大卖。在这里，气温就是能影响商品销售行情的拐点。

5.3 为比较而对数据进行加工

分析即"比较",但目前来看直接使用数据无法有效地进行比较。为了更好地进行比较,需要有效汇总数据,让比较更容易进行。

为了比较而进行数据汇总的方法(分析方法)大致可以分为3种。通过将数据汇总成图表、数字或计算公式,可以从中提取出数据的含义。

①用眼睛直接观察比较(图表)
②汇总成数字进行比较(数字)
③汇总成公式进行比较(计算公式)

接下来我们依次来看看这3种分析方法。

❶ 用眼睛直接观察比较(图表)

直接使用数字是无法有效进行比较的。进行简单比较的最有效方法就是图表。人眼处理信息的能力非常强,通过图表将数据可视化,就可以很容易地理解数据的各种相关性,因此要学会活用图表。

图表5-3　图表化的步骤

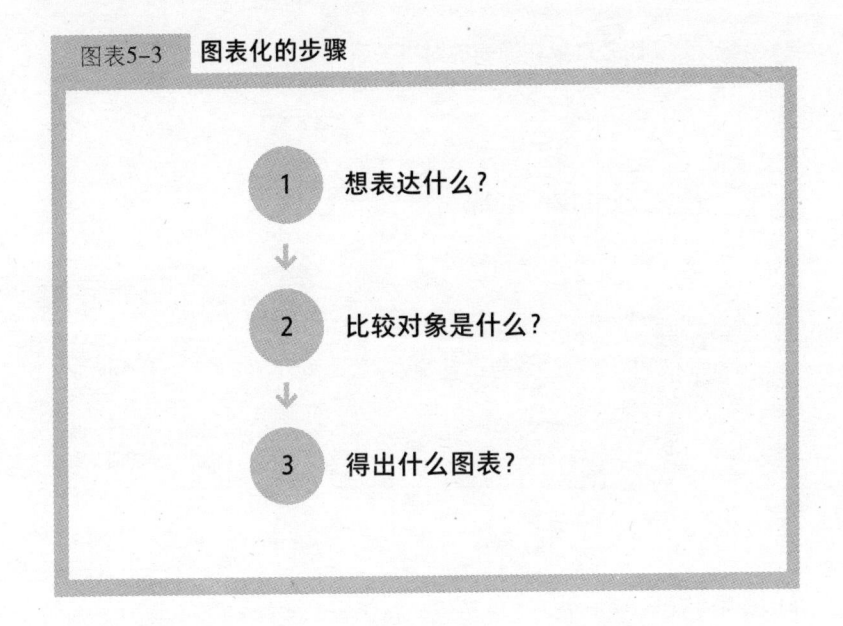

```
┌─────────────────────────────────────┐
│                                     │
│      ①  想表达什么?                  │
│      ↓                              │
│      ②  比较对象是什么?              │
│      ↓                              │
│      ③  得出什么图表?                │
│                                     │
└─────────────────────────────────────┘
```

图表化需要3个步骤。首先，在确立假说的基础上，思考这一假说具有哪些比较要素。分析即"比较"，因此明确将什么和什么进行比较极其重要。只有明确了比较对象，才能大致决定该使用哪种和比较对象相适应的图表形式。

如图表5-4所示，我们将比较对象常用的几种图表对应关系总结如下。

比起重新记忆表格的种类，明确意识到比较什么更好对熟知并活用图表更为重要。

使用幻灯片进行普通比较时，不推荐使用柱状图，而推荐使用条形图。这是因为在使用横向A4纸的资料时，条形图能清晰地呈现出数据的项目名称等内容。

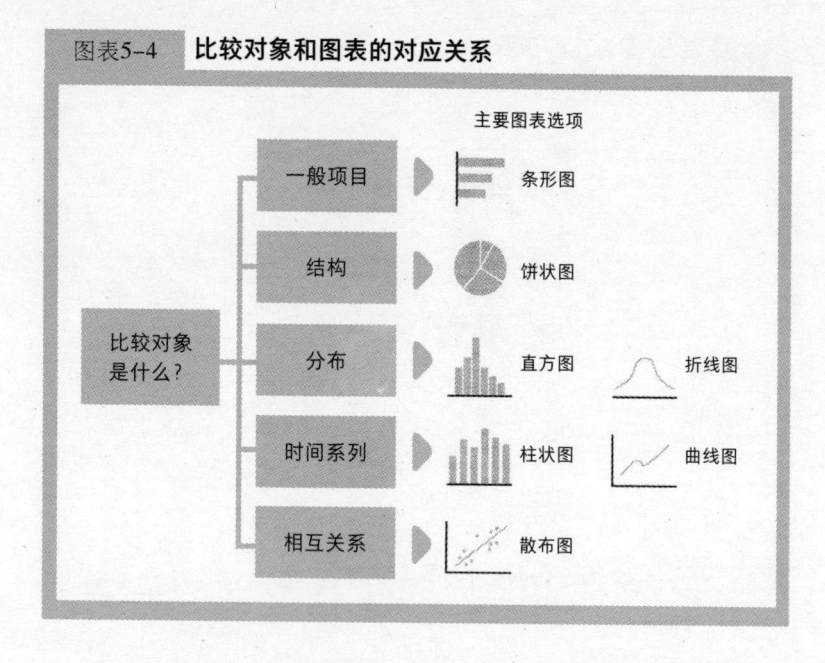

图表5-4　**比较对象和图表的对应关系**

比较对象是什么？	主要图表选项
一般项目	条形图
结构	饼状图
分布	直方图／折线图
时间系列	柱状图／曲线图
相互关系	散布图

那么，我们实际运用图表验证一下"富人寿命更长"这一观点。

经济富裕程度和寿命有着怎样的关系？如果生活富裕，卫生条件和营养条件自然会更好，因此寿命会更长吗？还是说会因过于奢侈挥霍而缩短寿命？

这里我们假设"经济条件较为富裕的情况下活得更长"，然后用实际数据进行验证。在图表5-4中，表示相互关系的图表适用于这种情况（关于相互关系，我们会在后面"公式"中的回归分析部分进行详细介绍），因此我们选择"散布图"进行分析。

我们来实际比较一下富裕程度和寿命这两个要素之间的关系。比较单位从个人到国家有各种层面可供选择，为了便于比较，我们以国家为单位，对经济富裕程度与寿命的关系进行分析。

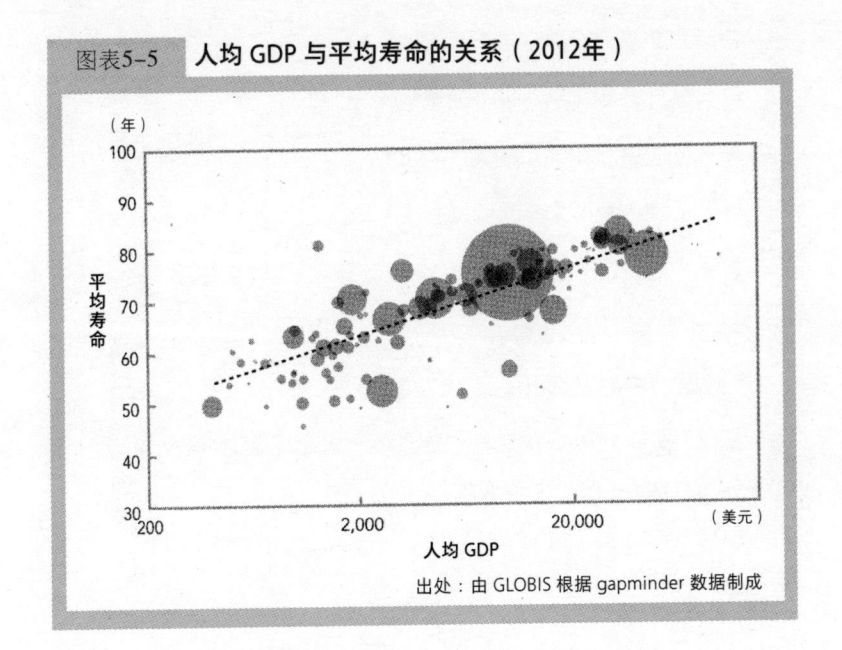

图表5-5　**人均 GDP 与平均寿命的关系（2012年）**

```
（年）
100
 90
 80
 70  平均寿命
 60
 50
 40
 30
    200      2,000          20,000      （美元）
                   人均 GDP
```

出处：由 GLOBIS 根据 gapminder 数据制成

我们以人均 GDP[1]作为国家富裕程度指标，以该国平均寿命[2]作为平均寿命的指标制成图表5-5。图中圆的大小表示各国人口规模大小。

从上图可以清晰地看出，大多数国家随着经济富裕程度的提高平均寿命也随之上升，呈直线增长的关系。[3]根据上图的数据，可以说"国家越富裕国民寿命越长"。

❷ 汇总成数字进行比较（数字）

图表是从视觉上进行比较的分析方法，第2种方法是将大多数数

---

[1] GDP 是最重要的经济指标之一，这里不用考虑得过于复杂，仅考虑平均收入即可。
[2] 指出生后平均寿命为多少年，0 岁以后的平均剩余寿命。
[3] 在统计学中，这被称为相互关系或共变性。

据的特征汇总成一个数字进行比较。

这一分析方法可以从以下两个视角出发。

- 数据的中心在哪儿？（代表值）
- 数据呈何种形式分布？（分布）

首先掌握这两个视角，就能大致描述出数据的全貌。

（1）数据的中心在哪儿？（代表值）

要找到数据的中心在哪儿，换言之就是要考虑选用哪个数字代表这些数据。选出的代表数字就是代表值。

● 算术平均和加权平均

代表值中最常见的就是平均值。

平均大致可以分为算术平均和加权平均两种。

算术平均是指将所有数据简单地相加并除以数据数量得出平均值。加权平均是指将数据的数值乘以权数（权重），然后再除以与这一权重相关的数值数量得出平均值。

● 平均值的陷阱和中位数、众数

2013年，日本金融广报中央委员会进行的有关家产金融活动的舆情调查结果显示，2013年日本普通家庭（两人以上）持有金融资产（存款、股票、保险等）的平均值为1 101万日元。

大家听到这个数字有什么反应呢？大部分人应该会觉得："诶？我们家可没这么多。"图表5-6是家庭实际持有额的分布图。从图中可以看出，这一分布并不呈左右对称，很大程度上偏向左侧无持有金融资产的部分，几乎每三个家庭中就有一个家庭无持有金融资产。曲线虽然表示了持有金融资产由少到多的构成比例，但实际上几乎7成的家庭没有达到平均值。

研究金融资产时，平均值会受到一部分高额资产持有家庭的影响，从而使得出的数值相对较高。在这种情况下，用平均值来代表所有数据肯定无法被认同。

实际上，在以平均值为中心呈吊钟状分布时，平均值作为所有数据的代表，是数据最集中的数字，拥有较高的认同感。但像金融资产分布图这种数据分布有所偏向的情况下，数据肯定不会集中分布在平均值周围，此时将平均值作为代表值很难获得认同。

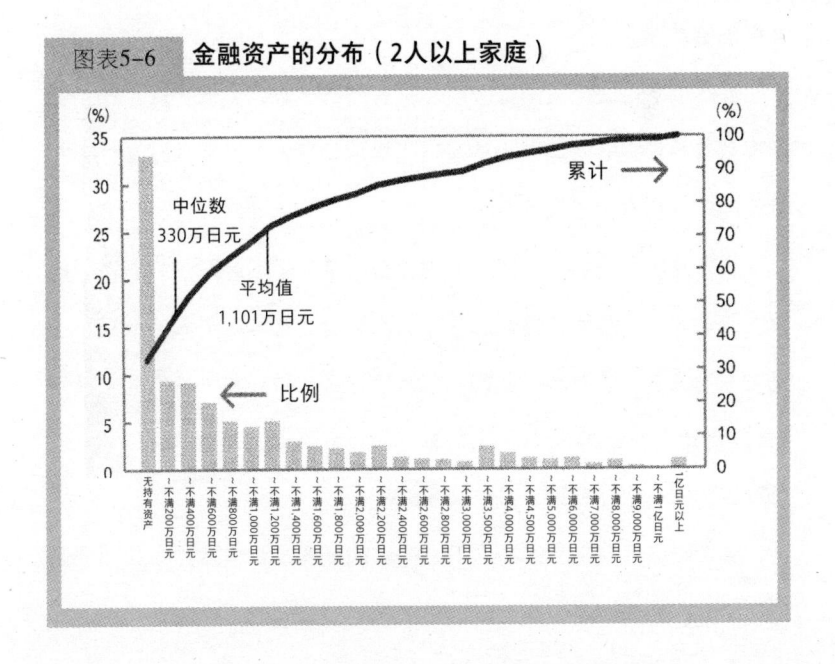

图表5-6　金融资产的分布（2人以上家庭）

这种情况下，除平均值之外，可代表整体数据的数值还有中位数和众数。中位数是指将样本数值按顺序排列时，位于样本数值最中间的数值（样本数为偶数时，取中间两个数的平均数）。

比如，家庭金融资产的中位数为330万日元，比起平均值更有接近家产的实感，更适合作为代表值。

另一方面，众数是指出现频率最高的数值。用直方图来表示的话，当"小山"超过两座，或在求算数平均数时受到一部分"异常值（例外的数值）"影响时，可以取众数作为代表。在家庭金融资产这一例子中，无持有资产的家庭最多，这就是它的众数。

（2）数据呈何种形式分布？（分布）

●标准偏差

虽然用平均值代表大量数据非常方便，但数据整体在这一代表值周围呈何种形式分布，是无法通过平均值呈现的。表现这一具体分布情况的是"标准偏差"。

研究数据在平均值周围分布的状态，是为了了解每一数据在平均值周围是如何分布的。然而，分布状态中有比平均值更大的数据，也有比平均值更小的数据。因此，如果求出每个数据和平均值的差（偏差），既会得出正数又会得出负数，而单纯计算所有偏差的平均值，正数和负数会相互抵消，最终又变成零。

取这些偏差的平方的平均值，得出的算术平方根被称为"标准偏差"（记为 SD 或 σ）。它表示平均性的分布情况，距离平均值的偏差就是标准偏差。

③ 汇总成公式进行比较（公式）

汇总成公式的方法大致可以分为从数据归纳出公式的"回归分析"和演绎出公式的"模式化"两种方法。

● 回归分析（散布图、相关系数、单回归分析）

假设你购买了位于市中心 A 车站附近（步行5分钟内）的公寓，以其租金收入作为生活费。假设公寓大小为50平方米，那么预计可以获得多少租金收入？首先需要考虑的是，哪些因素会对单身公寓的租金市场带来影响。

租金一般受到大小（房屋面积）、到车站的时间（步行需要几分钟）、建造年份、朝向（是否朝南）的影响。我们假设公寓大小为最大的影响因素，然后从房地产相关网站收集了 A 车站附近14间公寓的租金和房屋面积的数据，首先将数据可视化（见图表5–7）。

从图中可以看出，公寓越大租金越高，换言之，租金和公寓的大小呈正比增长的"正相关"关系。

相关是指两个变量之间具有某种规律性、共变性的状态。例如，气温越高，啤酒销售额越高；气温越低，啤酒销售额越低。在具有联动性的情况下，气温和啤酒销售额呈相关关系。相关有正负以及强度之分，表示这一关系的数值叫作相关系数。

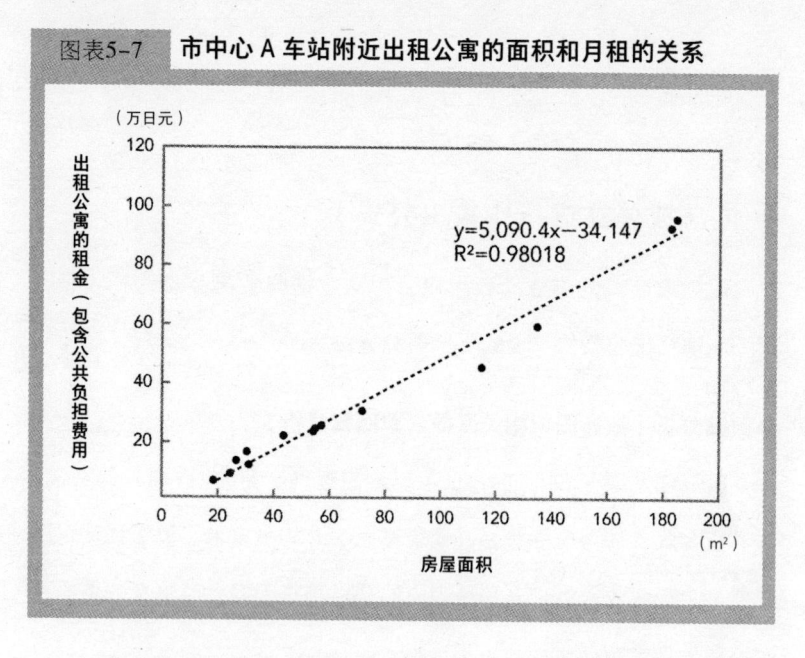

图表5-7　市中心 A 车站附近出租公寓的面积和月租的关系

（万日元）
出租公寓的租金（包含公共负担费用）

y=5,090.4x−34,147
R²=0.98018

房屋面积 （m²）

　　相关系数是在1到 −1之间变动的数字。当一方变大另一方也随之变大，即关系越强，相关系数越接近1时，意味着拥有很强的正相关关系。而一方越大另一方就越小，即关系越强，相关系数越接近 −1时，则意味着很强的负相关关系。并且，相关系数的绝对值越接近0，意味着相关关系越弱。一般来说，商务中可以称为有意义的相关关系，其绝对值要在0.7以上。

　　实际上，相关系数的平方值用单回归分析进行说明的话就是决定系数。相关系数本身很难直观地解释关系的强弱，但在后文的回归分析中，可以将相关系数进行平方，转换成决定系数，用百分比来进行强有力的说明。

　　我们要养成一见到相关系数就求其平方数的习惯。刚刚我们提到，强相关关系的相关系数最小也要是0.7，那么它的平方数就是0.49。可以看出这几乎具有50%的说服力。

【相关系数数值的解释（绝对值）】

0~0.2：几乎无相关关系

0.2~0.4：稍有相关关系

0.4~0.7：有一定相关关系

0.7~1.0：有很强的相关关系

这里必须注意的是：

相关关系≠因果关系

那么什么情况下才能称之为因果关系呢？经常用到的必要条件有以下3种。

1. 原因在时间上比结果先出现

2. 具有相关关系（共变关系）

3. 相关关系无法用其他变数（第三因素）进行说明

必须注意的是，具有因果关系时一定具有相关关系，但具有相关关系时不一定具有因果关系。

第3点中的"第三因素"很容易被忽视，需要特别注意。夏季市场中的冰激凌和啤酒的销售额虽然具有相关关系，但并不具有喝了啤酒之后想吃冰激凌这一直接因果关系。这两种商品热卖时都拥有夏天很热，即气温这一共通因素（第三因素），虽然具有热的时候都卖得好，冷的时候都卖得不好这一相关关系，但并没有直接的因果关系。

那么，我们来试着求一下公寓的两个变数之间的相关系数。

租金和面积的相关系数为0.99，可以看出两者具有极强的相关关系。其平方数为0.98，可以看出对租金来说，房屋面积具有高达98%的说明力。

在我们所处的大数据时代，相关系数实际上会对我们身边的事物起到非常大的作用。网上购物时，大多数网站会有"我们向您推荐这些商品"的推荐功能，这里也用到了相关系数。它对你的购买历史或浏览历史，与其他顾客的购买历史、浏览历史之间的相关系数进行计算，将相关系数高的顾客，也就是将与你的购买历史或浏览历史接近的顾客和你的购买历史、浏览历史进行比较，通过偏差得出"推荐商品"。

●单回归分析

相关系数虽然体现了两个变量之间相关关系的程度，但没有体现出多大的面积需要花费多少租金。对这一关系进行公式化分析的方法就是回归分析。

商业中常用的单回归分析模式可以简单如下表示：

$$y = a_1x_1 + b$$

在视觉上，单回归分析相当于对散布图上的数据画出一条拟合优度最佳的直线。虽然可以在图表上主观地画出直线，但不同的人有不同的画法，因此不具备参考性。

单回归分析中"拟合优度最佳"的意思是，客观地画一条直线，使实际数据与直线的误差（误差的平方和）最小化。

我们对前文提到的公寓租金这一案例进行回归分析，结果如下。

拟合优度公式如图表5-7（见第102页）所示。

从图表可以看出，公寓租金和房屋面积的关系如下：

租金 = 5 090日元 / 平方米 × 面积（平方米） − 34 147日元

从这一算式的系数可以看出，此地区租金的市场价约为每平方米每月5 000日元。假设面积为50平方米，则可以算出50平方米的单身公寓的租金市场价约为22万日元（220 353日元）。

公式下面的R^2被称作"决定系数"，是已知相关系数的平方。如果以百分比的方式来表示决定系数，决定系数是指在目标变量较为分散时，说明变量能够解释说明的比例（回归方程的适合程度），即表现了解释变量的能力。从相关系数的平方就能得到决定系数，取值范围为0~1（0≤R^2≤1）。

从以上事例可以看出，决定系数为0.98时，租金变动范围中的98%都可以用面积说明。虽然一开始考虑到公寓的朝向、到车站的时间也会对租金造成影响，但实际可以看出仅用面积对租金进行分析即可。

● 模型化

根据回归分析得到的相关性计算公式，是基于实际数据用归纳法对其相关性进行描述，而模型化是指用演绎法将关系公式化。

"芝加哥有多少钢琴调音师？""日本一年售出多少辆新车？"等等，这类乍看之下无法得出的数字都能从已知数字的组合中推算出来，所谓"费米统计"正是模型化的推算方法。

模型化可以简单地捕捉到复杂事物的规律，在日常生活中的应用极其广泛，可以用于以下情况：

- 从商业结构、收益构成等多角度分析→重新认识业务结构或特征，与实践相结合。
- 灵活运用预测法或灵敏度分析法→活用于管理资源的配置、风险管理、业务模式的重构等。

下面以餐饮业为例，试着挑战一个简单的模型化。

假设你是某饭店的店长，最近因经营状况不佳，正苦苦思索如何提高营业额。现在决定用模型化研究行动方向。

虽然餐饮业的营业额可以分解为很多种公式，但在这里我们着重对顾客人数和作为设备的餐桌数目进行模型分析。虽然公式有各种各样的形态，但无论哪一行业，在研究营业额时都有几个必须注意的数字（对餐饮业来说就是客单价），为了得到有逻辑的模型，必须取得

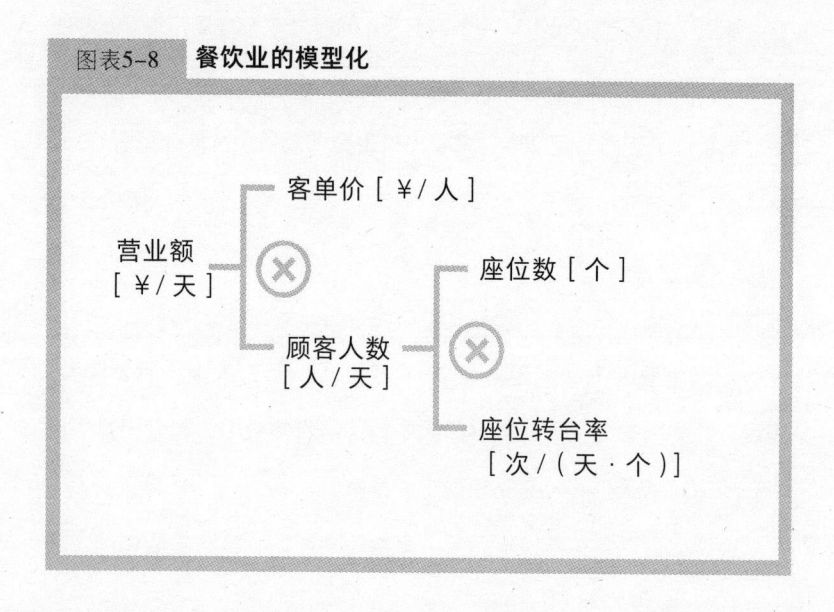

图表5-8　**餐饮业的模型化**

营业额 [¥/天] ＝ 客单价 [¥/人] × 顾客人数 [人/天]

顾客人数 [人/天] ＝ 座位数 [个] × 座位转台率 [次/(天·个)]

这类数据。

1天的营业额可以通过顾客人数乘以客单价得出。1天的顾客人数可以通过每个座位1天坐了几人（转台率）乘以座位数量来计算。（图表5-8）

虽然是很简单的模型，但从左往右看的话，首先能看出为了增加营业额，除了增加客单价或顾客人数以外别无他法。并且还能看出，为了增加顾客，需要增加每个店铺的座位数，提高转台率，必须尽可能让更多人来消费。

座位数在开店的时候就已定好了，因此我们可以看出，如果不能立即增加座位数，为了提高营业额，必须针对以下两点采取具体行动。

●提高客单价

●提高转台率

举个例子，可以通过开发新菜单提高客单价，或者通过彻底的系统化、模式化来提高服务效率，从而提高转台率。

通过模型化，可以看出为了提高营业额具体需要采取哪些措施（图表5-9）。

这一章我们一起学习了分析能力。可能很多人会觉得有点难，但对商务人士来说，运用数字的能力十分重要。先不要考虑难度，试着从汇总数据进行比较着手吧。

图表5-9 模型化相应的增收对策

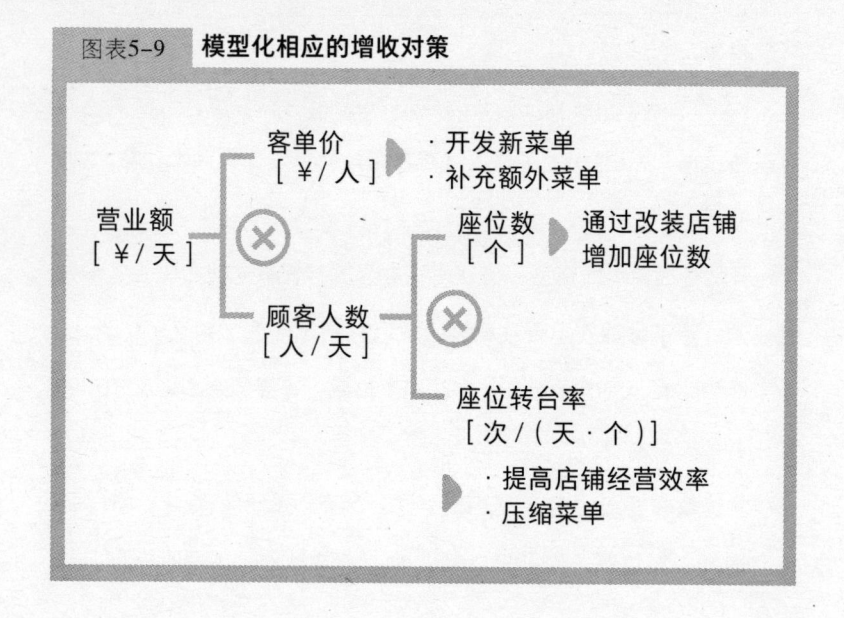

```
                     客单价         · 开发新菜单
                   ┌─[¥/人]─▶      · 补充额外菜单
                   │
营业额              │              座位数         通过改装店铺
[¥/天]  ─── ⊗ ────┤            ┌─[个]─────▶  增加座位数
                   │            │
                   │            │
                   └─顾客人数 ─ ⊗
                     [人/天]    │
                                │
                                │ 座位转台率
                                └─[次/(天·个)]

                                    · 提高店铺经营效率
                                  ▶ · 压缩菜单
```

推荐图书：

《锻炼商务数字能力》，GLOBIS 著，田久保善彦执笔，钻石社

《超级数字天才》，伊恩·艾瑞斯著

《魔鬼经济学》，史蒂芬·列维特、史蒂芬·都伯纳著

第 6 章

思考对策的能力

CHECK LIST

思考对策能力小测验

1. 将对策付诸实践的速度比什么都重要，因此首先要从容易实现的部分着手。　CHECK

2. 说到"要总览与自己所做业务相关的全貌"时，不知道该做些什么。　CHECK

3. 虽然听说过 PEST、3C、4P、SWOT 等商务框架，或者能够用自己的方式运用，但没有正确学习过它们。　CHECK

4. 考虑对策时，只知道先从眼前能够看见的问题着手，没有追究其本质原因的意识。　CHECK

5. 选定问题后，没有将问题整体划分为几大部分，没有使用某种框架确定问题有哪些。　CHECK

6. 根据过去的经验或从上司和前辈那里学到的经验来思考对策，但不确定这一方法是否真的正确。　CHECK

7. 思考对策时无法说出重点或判断依据。　CHECK

8. 没有养成实行对策后先对其进行验证，再思考下一对策的习惯。　CHECK

在本章中，我们将以目前学过的逻辑思考、假说验证、信息收集方法等为前提介绍思考对策的能力。发现问题、思考对策、经常有新想法、创造价值，这些是商务活动的本质。因此，这一章要介绍的是对所有读者来说都应该掌握的极其重要的能力。

前面已经大致介绍过关于基本能力的知识，接下来我们假定一些具体情况进行分析。

假设你在旅行社从事商品策划工作，最近正面临营业额难以增长的局面，急需采取措施进行改善。为此你们召开了如下对策会议。

A：我们试试打广告怎么样？

B：比起那个，我们大力宣传一下秋季旅行活动呢？

C：或者降低季节限定商品的价格。

D：还是在网上多做宣传比较好吧？

会议中很容易陷入以上讨论，但突然就开始研究具体对策肯定是没有用的。

要想思考出有效的对策，一定要有①总览整体、②在设定好问题的基础上进行、③思考对策、④确定判断标准并选择对策、⑤付诸行动并评价等步骤。本章将针对这一系列步骤及相应判断依据的选择、先后顺序的确定以及应注意的问题进行讨论。

6.1 总览整体

日常商务活动中,在面对某些困难,需要做些什么或必须思考对策时,注意力很容易被眼前的问题吸引。然而,一开始应该做的,是从本质上把握这一问题,总览问题全貌。

假设你是一名商品策划专员,正因营业额难以提升而烦恼。这时候不应该立刻思考"再加强一下促销"这样的对策,而是要思考"营业额难以提升的本质原因是什么?存在哪些可能性?"像这样反思问题的本质更为重要。要养成总览问题全貌的习惯。

为了把握整体,可以使用第2章中提到的构建框架的方法。虽然从零开始构建框架的能力十分重要,但商务活动具有很长的历史,其中存在很多通用的框架。

针对营业额难以提升这一问题,可以考虑使用3C框架。再次说明一下,3C指市场/顾客(Customer)、竞争对手(Competitor)、公司(Company)。接下来我们一个一个进行解说。

[市场/顾客]

在商务活动中,为了总览问题全貌,必须常常针对市场整体动向进行思考。首先需要确认市场规模是否有变化(原本市场规模达到什

图表6-1　总览整体

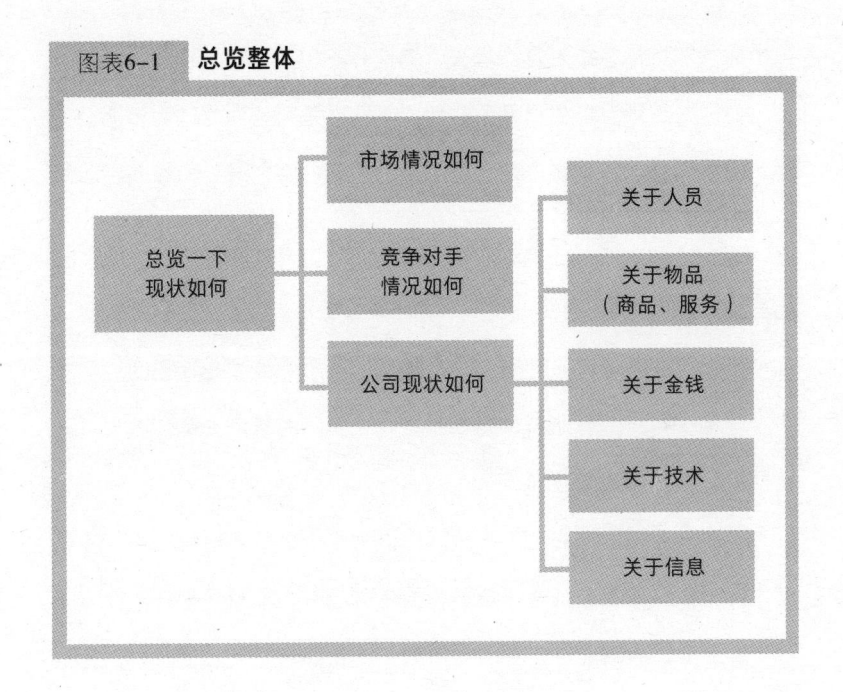

```
总览一下        市场情况如何
现状如何
               竞争对手         关于人员
               情况如何
                               关于物品
               公司现状如何     （商品、服务）

                               关于金钱

                               关于技术

                               关于信息
```

么程度）、市场的发展是否有变化，等等。

在此基础上，思考什么样的人能成为我们的顾客、这些人对商品有什么需求、在什么场景下会使用这一商品或服务，等等。接下来从各种切入点思考将这些顾客分为哪几个层级（按共同点将顾客分类）。

然后，确认自己是否有将特定的客户群设为公司目标客户的意识。

将顾客进行分类，集中对公司的目标客户群进行营销。这听起来是理所当然的，但没有将这一基本步骤做到位的情况也不少。

像这样再次围绕这些要点进行思考后，再次确认针对目标客户的营业额或订单率等数据，看一下营业额是否有所提升。虽然营业额偶尔也能从非目标客户中得到增长，但这并不代表情况好转。

公司内部认为是公司强项的地方，顾客是否也如此认为？对公司在意的内容感兴趣的客户在市场占多大份额？客户对公司商品有着怎样的理解？对此我们要逐一进行确认。

[竞争对手]

在这个急剧变化的时代，我们必须认真思考谁才是真正的竞争对手。就算在同一个行业内，也不一定存在实际的竞争关系，因为可能各自的目标客户完全不同。

相反，就像手机的上市给数码相机行业带来巨大影响一样，不同行业内也很可能存在竞争。最可怕的是自己根本不知道输给了谁。

因此，必须调查竞争对手业绩如何、在哪方面投入了努力、竞争强项是否有所变化、最近以什么为卖点推出产品、与此相比自己公司的弱点在哪等等问题，思考竞争是不是影响自己公司营业额的主导因素。

与其每天不断思考竞争对手，不如在发生某些变化时好好确认会对公司产品产生怎样的影响。比如竞争对手推出新商品时，其他行业推出某种商品的替代品时，等等。

[公司]

对自己公司进行分析时，更容易获得所需信息。设定"人员、物品、金钱、技术、信息"这些切入点，进一步深入挖掘，针对每个切入点进行详细思考。

具体来说，需要思考组织文化是否有大的改动、招聘是否顺利、培训是否完善、是否能够推出有吸引力的商品或服务、财务状况如何、与竞争对手相比技术开发能力如何、公司内部信息流通是否顺畅、对公司外部信息的运用是否灵活等问题。

像这样根据3C等思维框架仔细思考眼前的问题，经过一连串的分析，就可以正确把握自己公司的整体情况。

商务活动中经常使用的思维框架

总览整体时，除了3C框架还有很多其他框架。下面介绍几种在商务场合经常用到的代表性思维框架。

● SWOT

市场或竞争对手发生了某些变化，或似乎要发生变化时，可以根据SWOT模式从整体把握外部环境和公司内部状况。解释这些变化对公司来说是机遇（Opportunities）还是威胁（Threats）；面对这一机遇，公司的强项（Strengths）和弱项（Weaknesses）是什么。此外，还可以把握公司产品在这一变化中是占优势，还是存在致命缺陷，等等。

● PEST

有时候，世界趋势等公司无法掌控的宏观环境会对公司事业产生影响。这时可以从政治（Politics）、经济（Economics）、

外部环境分析

| O | Opportunities（机会） | T | Threats（威胁） |

内部环境分析

| S | Strengths（强项） | W | Weaknesses（弱项） |

社会（Society）、技术（Technology）4点进行思考。这在整理与公司关系重大的因素或环境变化时十分有效，可以分别确认以下几个要点：

政治：市场规律会随着税法等法规的修订发生变化。

经济：社会需求会随着经济发展趋势、汇率或利率趋势发生变化。

社会：社会需求结构会随着人口动态、生活方式以及价值观的变化发生变化。

技术：竞争对手或竞争原则、竞争舞台会随着技术的变革发生变化。

6.2 确定问题

总览整体、抓住问题的大致框架后，十分重要的一步是对大问题进行分解，确认必须解决的问题，从而进一步缩小问题范围。在分解时，要尽可能做到不遗漏、不重复。分解方法大致分为以下3种。

第一种是将整体分为几个部分的思考方法。比如"人"可以分为"男人"和"女人"；也可以分为"戴眼镜的人"和"不戴眼镜的人"。

第二种是运用四则运算等，用变量进行分解的思考方法。比如

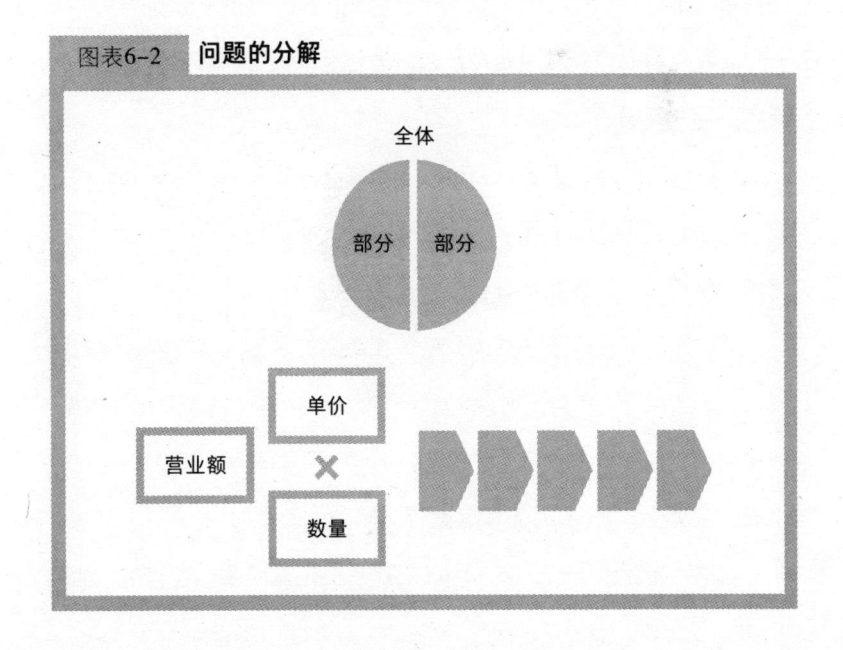

图表6-2　问题的分解

"营业额=单价×数量""利润=营业额-原价"等。

第三种方法是思考某一现象发生前的过程,也就是流程。

可以根据分解对象的不同分别使用这3种分解方法,在这里我们主要介绍第一种——将整体分为几个部分的思考方法。

本章第111页中设定的情况是:你在旅行社从事策划工作,最近营业额难以增长,你正在思考该怎么办。

作为商品策划专员,总览整体后,可以明确地看出市场增长率没有大的变化,竞争对手也没有明显动作,但本公司的营业额正在下滑。

在这种情况下,主要问题就出在公司内部。应该围绕"公司内部哪一方面出现了问题,明确为什么会出现这一问题,思考增加营业额的对策"进行讨论。

这时我们应该针对问题是什么、为什么会出现问题进行分解,不断缩小问题范围。

分解的切入点有很多,在这里我们将导致营业额持续低迷的国内旅客分解为新顾客和老顾客,然后对旅行天数、价格区间、交通工具、性别、年龄、参加人数等进行分解(图表6-3)。

通过每一步分解确认具体数据,在事实的基础上掌握现状,找到问题最大的部分。具体来说,将顾客分为新顾客和老顾客并收集数据,如果新顾客按预计实现增长,就可以暂停之后的分解步骤。出于这一考虑,图表6-3中没有对新顾客进行分解。

确认了问题点以后,思考为什么这里会出现问题。本例中,通过

图表6-3　分解① 国内旅客

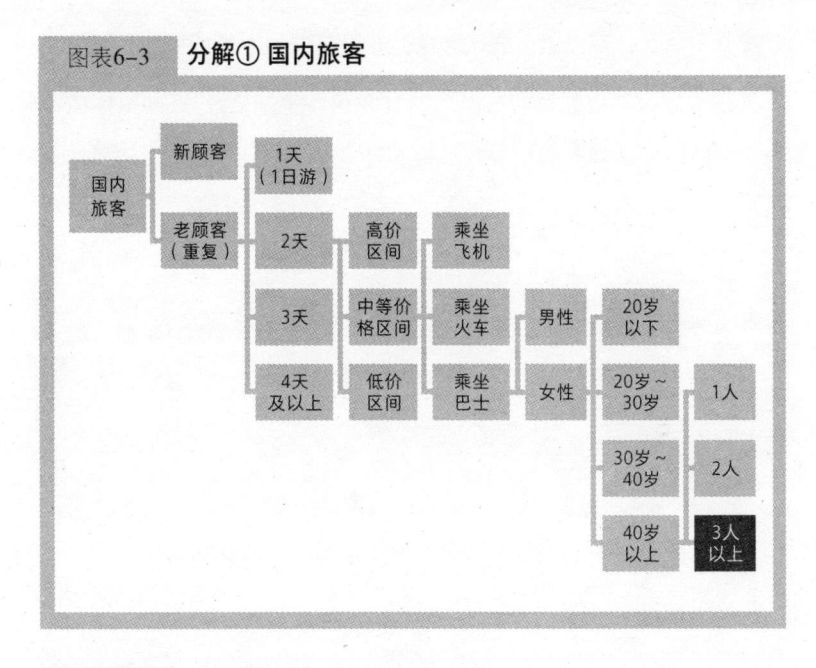

```
国内        新顾客      1天
旅客                   (1日游)
           老顾客       2天      高价      乘坐
           (重复)               区间      飞机
                      3天      中等价    乘坐      男性      20岁
                              格区间    火车              以下
                      4天     低价      乘坐      女性      20岁~    1人
                      及以上   区间      巴士              30岁
                                                        30岁~    2人
                                                        40岁
                                                        40岁     3人
                                                        以上     以上
```

图表6-4　分解② 40岁以上的老顾客

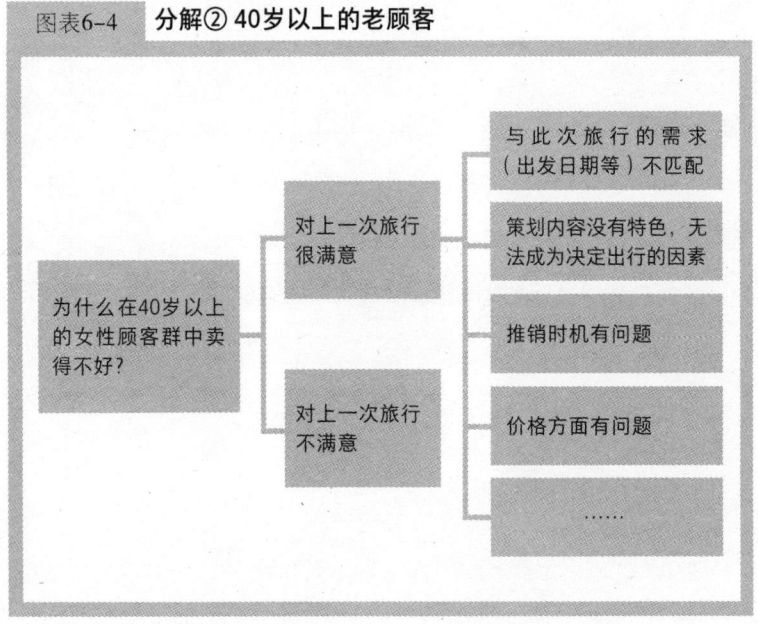

```
为什么在40岁    对上一次旅行       与此次旅行的需求
以上的女性顾    很满意            （出发日期等）不匹配
客群中卖得不好？                  策划内容没有特色，无
                                法成为决定出行的因素
                                推销时机有问题
               对上一次旅行       价格方面有问题
               不满意
                                ……
```

对数据的确认，可以看出老顾客中，在两日游的中等价格区间乘坐巴士进行的旅行，特别是40岁以上的女性顾客参加超过3人的团体旅行时，营业额出现了大面积下滑。思考"为什么"时，可以运用最基本的分解方法，一边画树状图一边进行分析（图表6-4）。

此次是针对老顾客的分析，因此我们想到营业额下滑可能是由于对上次旅行不满意（第1步分解的切入点就来自这一假说），那么就从是否对上一次旅行感到满意开始进行分解。感到满意的情况下，还要思考为什么不报名第2次旅行。

比如，将原因进一步分解为出发日期或目的地是否和这次的旅行需求不一致，或策划内容中是否没有能成为决定因素的特色。

在不同的问题设定中，也要进行具体思考。通过"3C＋人员、物品、金钱、技术、信息"的框架总览整体后，可以明确得出"公司没有培养新人，业务有所停滞"这一结论。这种情况下，可以考虑将部门或入社年份作为分解的切入点（图表6-5）。

要对数据和事实进行调查，确定问题所在。如果A部门入职4～6年的中途入职员工的业绩没什么变化，就说明这一年度的员工没有得到很好的培养。这时候就要思考原因了（图表6-6）。

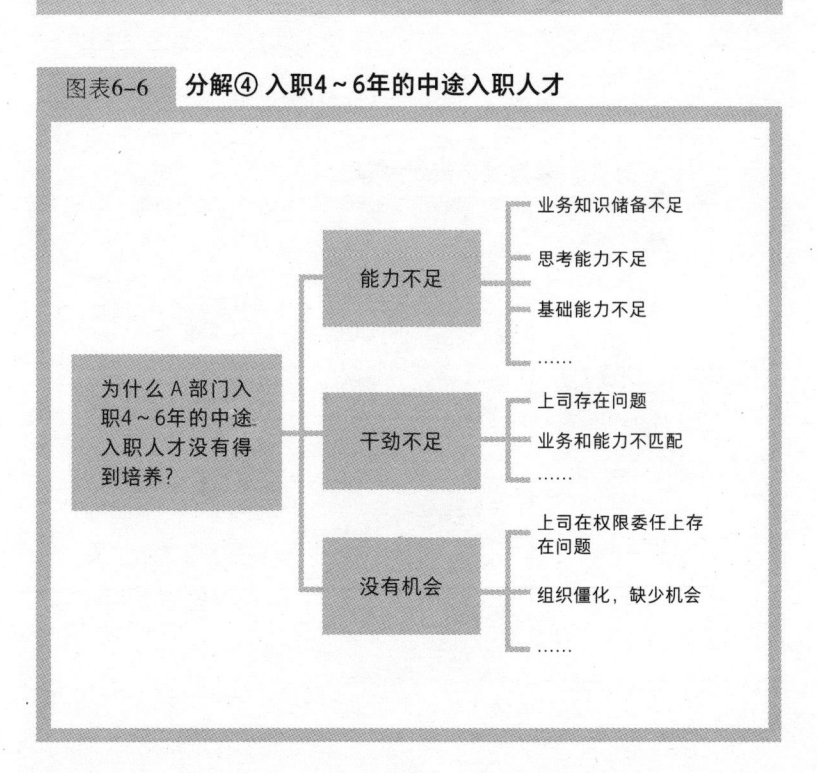

图表6-5　分解③ 公司内部的年轻人才

```
人才没有得到培养
├── A部门
│   ├── 入职1~3年
│   ├── 入职4~6年
│   │   ├── 应届生
│   │   └── 中途入职
│   └── 入职7年以上
├── B部门
└── C部门
```

图表6-6　分解④ 入职4~6年的中途入职人才

为什么A部门入职4~6年的中途入职人才没有得到培养？
- 能力不足
  - 业务知识储备不足
  - 思考能力不足
  - 基础能力不足
  - ……
- 干劲不足
  - 上司存在问题
  - 业务和能力不匹配
  - ……
- 没有机会
  - 上司在权限委任上存在问题
  - 组织僵化，缺少机会
  - ……

6.3 思考对策

对问题进行分解，特别是确定了亟待解决的问题之后，终于要开始思考具体对策了。这时候的重点是，不要从突然想到的地方入手，不要毫无头绪地出主意。为了不遗漏想法，我们要一边分解一边思考。

前面提到40岁以上的女性参加超过3人的团体旅行时的营业额有所下降，如果根据问卷调查得出原因不在出发日期、目的地和价格等，而是由于没有成为决定因素的特色，就要针对"修改策划内容"

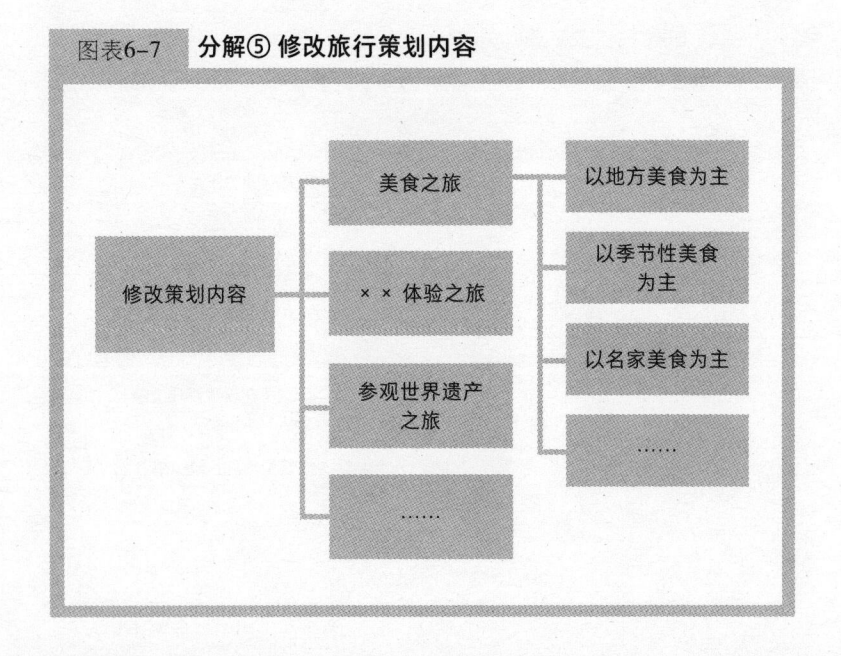

图表6-7　分解⑤ 修改旅行策划内容

```
                    ┌── 美食之旅 ──┬── 以地方美食为主
                    │              ├── 以季节性美食为主
                    │              ├── 以名家美食为主
修改策划内容 ───────┤              └── ……
                    ├── ××体验之旅
                    ├── 参观世界遗产之旅
                    └── ……
```

图表6-8　分解⑥ 业务知识的培训

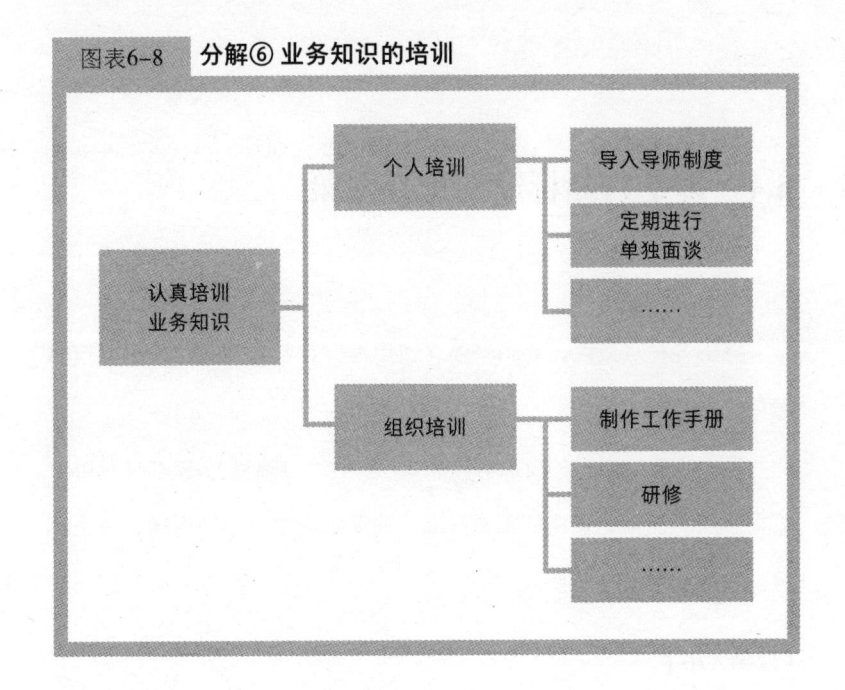

```
                    ┌─ 个人培训 ─┬─ 导入导师制度
                    │            ├─ 定期进行单独面谈
认真培训业务知识 ───┤            └─ ……
                    │
                    └─ 组织培训 ─┬─ 制作工作手册
                                 ├─ 研修
                                 └─ ……
```

这一点，像图表6-7一样进行分解。

另一方面，如果人才没有得到培养的原因是业务知识储备不足，针对"认真培训业务知识"的对策，可以像图表6-8一样进行分解。

并且，为了不因"为什么那时候没想到这个方法"而后悔，要一点一点仔细分解，毫无遗漏地提出各种对策。

6.4　确定判断标准并选择对策

得出各种对策后,要思考最终使用哪一判断标准决定执行对策的顺序。

考虑判断标准时的要点有效果大小、时间(速度)、成本(费用)、公司强项的活用、实施的难易程度、法律法规和公司制度等。接下来我们按顺序看看这些要点。

[效果大小]

根据想要采取的对策,研究其能对营业额或利润的提高产生多大影响。

[时间(速度)]

确认是否能够立刻实施,需要多长时间才能取得成效。

[成本(费用)]

成本不仅指金钱,还包括讨论对策的会议时间、实施这一方案需要的员工、动用部门的多少以及因此需要增加的沟通量等人力资源和组织资源的成本。这些成本很容易被遗漏,并且有时会成为很大一笔开销,需要特别注意。

[公司强项的活用]

很多时候我们容易忽略是否能够活用公司强项，或者说公司强项能否得到进一步强化这一观点。在存在多种对策，需要进一步缩小范围时，这是十分有效的判断依据。

[实施的难易程度]

曾经实施过的对策和初次挑战的对策的难易程度有所不同。对于已有对策，我们有实践经验，相对能够更顺畅地实施，且准确率高。如果贸然实施新对策，可能会遭到意外的反对，无法按计划推进。我们必须事先想到这些困难。

此外，是只在自己团队或部门中进行，还是需要在整个公司实施，其难易程度也是不同的。在实施对策的过程中，经常会在申请预算、实施范围（公司内外）、对新事物的抵抗等方面遇到阻碍。

[法律法规]

社会上存在各种各样的规章制度。无论是多么有效的对策，都不能违反法律或道德。即使没到违法的地步，也要有遵守规矩以及行业内不成文的规定的意识。

当然，当今社会也需要打破常规、从零开始的创新思维，但不能丝毫不了解规定，做到最后才发现"完蛋了"。

[公司制度]

企业内部或许也有很多不为人熟知的制度。要事先确认是否存在决定性障碍（knockout factor）。

然后，根据对策的目的选择相应的判断依据，设置评价项目的重要性，将对每个对策的评价数值化。像图表6-9这样总结出一张评价表，既简单易懂，在提出方案时对方也更容易理解你的判断过程。

图表6-9 **评价对策**

	先后顺序／重要性	对策①	对策②	对策③	对策④
效果大小	40	◎(200)	◎(200)	○(120)	◎(200)
时间（速度）	20	○(60)	○(60)	◎(100)	△(20)
成本（费用）	20	○(60)	○(60)	◎(100)	△(20)
公司强项的活用	10	△(10)	×(0)	◎(50)	△(10)
实施难易程度	10	○(30)	△(10)	○(30)	△(10)
法律法规	清晰	无问题	无问题	无问题	无问题
公司制度	清晰	无问题	无问题	无问题	无问题
总计		360	330	400	260
结论（短期）				1	
结论（长期）		2	3		4

* ◎代表5、○代表3、△代表1、×代表0

当然，这张表也存在缺陷。确定◎、○、△、× 时无论怎样进行定量评价，最终或多或少会带有评价者的主观意识。此外，很多人会怀疑评价先后顺序或重要性的数值设定是否合理。

即便如此，也比什么根据都没有就直接讨论好得多。因为这一评价表可以将需要评价的东西可视化，从而看清整体，并且能统一团队意识，获得较高认同感。在开始讨论的时候使用评价表，只要达成共识讨论就能更深入，并且能更准确地选出有效的对策。

即使进行评价，也会有在甲乙两种方案中难以抉择的情况。这时候重要的是明确自己作为负责人的价值观，并说明理由。

存在甲乙两种难以抉择的方案是极端情况。商务活动中没有绝对，到最后决定时果断地说"这样就行了！"也是一种决策方法。

重要的是，要记录做决定的理由，以便验证并回顾决策流程，活用到下一次决策中。

6.5 付诸行动并评价

选好对策后，就要开始准备实施机制。这时最好通过效果检测法和定量检测法设定一个能够用于评价的目标数字。

经常出现的失败情况是，虽然实施得不错，但无法判断是否取得了成效，所以在考虑能否继续推进这一措施时，很容易陷入不知所措的状态。必须根据目的事先决定好哪种情况算作取得成效，并和相关人士达成共识。我们会在第8章"人际影响能力"中对此进行具体阐述。

此外，在如今的时代，有很多不亲自去做就无法理解的事情。如果没有太大风险，可以先试着做做，这一点很重要。

因为有很多不深入其中就无法了解的事情，所以要反复试错。这种情况下不要过于严格地追求预期效果或检测方法之类的东西，最好以积累经验和了解市场为目的先试着去做。

速度才是成功的关键，这是一个以速度决胜负的时代，所以要比任何人更早了解市场。但与此同时，一定要记录下对对策的事先预期和实行后的结果。在此基础上，每隔一段时间就要回顾一下，制定与下一步相关联的行动流程。此外，何时进行修正等事情也最好在实施对策前决定好。

图表6-10　**实施对策的流程**

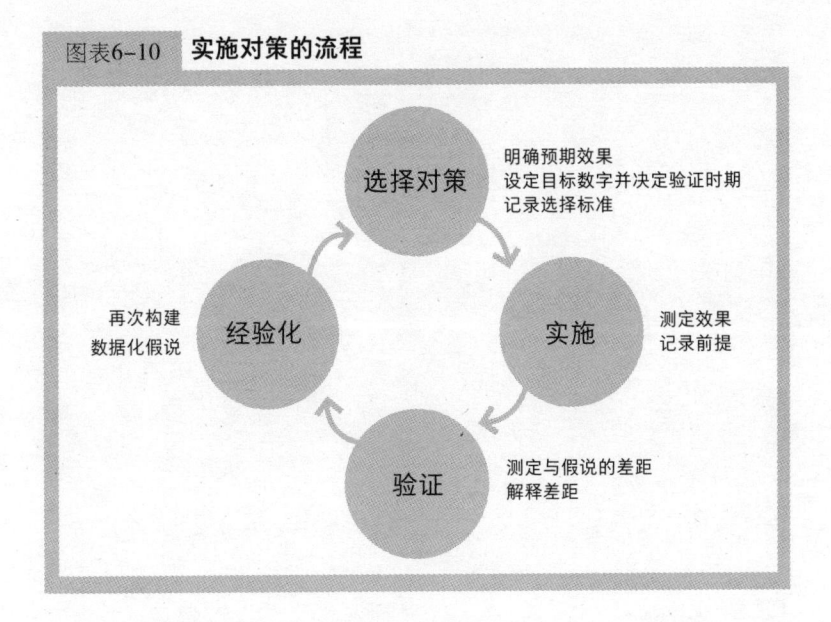

```
              选择对策              明确预期效果
                                   设定目标数字并决定验证时期
                                   记录选择标准

 再次构建
 数据化假说    经验化              实施              测定效果
                                                    记录前提

              验证                 测定与假说的差距
                                   解释差距
```

前面我们围绕对策进行了分析，最终只有时常关注市场（顾客）和与公司有关的行业或竞争对手等外部环境，认真思考发生了怎样的变化，了解目前面临什么问题，找出对公司来说什么是做不到的，才能及时准确地提出对策。

营业额无法提升的解决方案

本章介绍了适用于所有商务场合的普通分解法。这一方法虽然具有很高的通用性，但由于要从零开始思考，需要花费一定的时间才能实现。

本专栏中，我们将针对很多读者正在实践的"销售"，也就是针对产品销售或服务方法进行分析。

苦恼于业绩压力的人一定不少，不过对于所有销售方法来说，在分解的第一步使用营销框架是十分有效的。

● STP-4P

最正统的营销框架由以下4个步骤组成：①从某个切入点出发将市场分层（S：Segmentation，市场细分）；②选择合适目标（T：Targeting，目标市场选择）；③明确商品和服务信息（卖点）（P：Positioning，市场定位）；④思考具体对策 [4P：产品、价格、广告和宣传（沟通）、销售渠道等]。这4个步骤是一串流程，需要相互整合。

首先，要思考在这4个步骤中，公司产品存在什么问题，然后思考为什么会出现这一问题。

比如，在还没有选出合适的目标客户这一阶段就突然讨论价格没有任何意义。相反地，如果在目标客户和产品信息十分明确的情况下销售还是不景气,就说明问题在产品或价格上。

在旅行社的例子中,我们判断出已有客户中选择两日游、处于中等价格区间并乘坐巴士旅行、超过3人的40岁以上女性顾客方面的销售存在问题。

将营业额无法增长的原因进行分解,虽能得出"商品与客户需求不匹配"这一结论,但如果用STP-4P框架进行分析,更容易想到目标客户需求与商品不一致的可能性,短时间内就能得出结论。营销框架的思考步骤如下,通过单独分析每个要素,能够缩小问题及原因的范围。

·市场细分(S)

·目标市场选择(T)

·市场定位(P)

·对策(4P)

　产品、价格、广告和宣传(沟通)、销售渠道

现在让我们具体运用一下这个流程。

首先,仔细分析设为目标客户的两日游客户究竟是怎样的客户。

是和关系好的朋友一起旅行,还是一群人进行的某种纪念旅行?旅行最重要的目的是品尝美食、体验与平日的不同,还是纯粹的观光?得出目标客户的具体意向后,确认是否符合我

们的市场（需求），有可能这些人并不是适合我们的目标客户。

了解市场需求后，分析此次营业额减少的原因。

接下来，思考为什么目标客户没有选择自己公司的品牌或产品。顾客会比较竞争对手的品牌或产品，研究选择哪个旅行方案更好。是在比较了竞争对手的产品后觉得"我想参加这个旅行！"所以没有选择我们公司吗？要反思是不是自己公司没能提出打动顾客的信息。

和谁一起旅行，旅行的目的是什么，根据需求的不同有影响力的信息也会不同。假设顾客想要和知心好友一起感受不平常的旅行体验，"便宜又轻松"这一信息应该是具有吸引力的。

更具体的话，应该能想出"平常无法探访的〇〇之旅"这样明确又具有吸引力的信息。

如果在目标客户和产品信息方面不存在问题的话，就应该在此基础上集中讨论对策。

最后，从总览对策方向性的切入点看，营销可以从4P［产品、价格、广告和宣传（沟通）、销售渠道］进行分析。这4P只不过是分解问题的第一个步骤，还要继续对每项内容进行分解，思考对策。

・产品：更换产品内容
＜例＞更换策划本身（美食之旅或世界遗产之旅）、出发日期、餐饮等。

・价格：调整价格

<例>降低旅行价格，将午饭和晚饭设为自理项目；为了看起来不是廉价旅行而提高旅行价格。

・广告宣传（沟通）：改变、增加或减少沟通方法。沟通方法有广告、公开宣传（报道）、人工推销（销售）、促销（推销活动等）、顾客评论5种。

<例>更换或增加宣传广告的媒体，在杂志或报纸上推出旅行报道；和旅馆或旅行协会开展合作；在社交媒体上传旅行感想；在网站贴出旅行推荐的广告；增加宣传手册上的照片，加强视觉效果更能彰显魅力。

・销售渠道：改变、扩大、缩小销售渠道

<例>在评论网站展开营销；与新的门户网站签约。

● AMTUL

下面介绍另一种在分析对策时，也能作为分解的第一个步骤的营销方法，即着眼于消费者购买产品时的决策流程的 AMTUL 分析法。

这一思考方法为认知、记忆、试用、正式使用、固定品牌。先在认知、记忆、试用阶段获得新客户，然后在正式使用及固定品牌期间使其成为老客户。

以旅行为例，虽然想让顾客使用自己公司的品牌或产品，

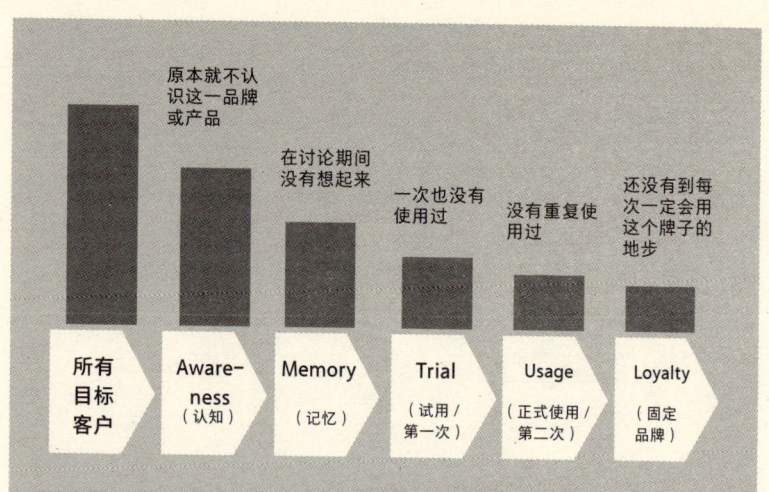

```
所有          Aware-      Memory      Trial       Usage        Loyalty
目标          ness        （记忆）     （试用/      （正式使用/   （固定
客户         （认知）                  第一次）     第二次）      品牌）
```

- 所有目标客户
- Awareness（认知）：原本就不认识这一品牌或产品
- Memory（记忆）：在讨论期间没有想起来
- Trial（试用/第一次）：一次也没有使用过
- Usage（正式使用/第二次）：没有重复使用过
- Loyalty（固定品牌）：还没有到每次一定会用这个牌子的地步

但要思考顾客是否知道这一品牌或产品（认知），或者顾客虽然知道我们的品牌，在做决定时是否会想到我们（记忆），毕竟每个顾客所处的阶段不同。如果顾客首次选择我们的旅行方案（试用）后又参加了第二次（正式使用），并最终选用了我们的产品，就可以先讨论如何巩固我们的品牌了（固定品牌）。

要注意顾客处于流程的哪一阶段，提出每一阶段相应的对策。注意不要在中途丢失客户，一定要沿着这一流程进行下去。

这里的"认知"指让顾客知道这一产品或公司品牌的存在。如果知道公司的旅行品牌的人本身就不多，那么之后的流程中无论怎样努力地提高这一数字，由于基数很小，也会存在一定限制。必须明确我们的品牌为什么不为人知以及问题出在哪里。

在这之后，即使顾客有了短暂的认知，如果在想去旅行的时候没有想起我们的品牌或产品，那我们也拿不到订单。这说明我们的品牌或产品没有在顾客的脑海中留下印象，因此必须思考为什么没有留下印象，怎样才能给顾客留下印象。

接下来，即使认知和记忆都有了，如果新客户中报名旅行（试用）的人很少，也必须思考新客户没有报名的原因。

参加过一次旅行，但是下第二次订单（正式使用）的顾客太少的话，就要反思是不是上一次旅行没能满足顾客的需求。这种情况下要再次修改调查问卷，确认是否没有使顾客满意。

下一步主要考虑的就是如何让顾客固定品牌，是否能够通过高级用户的评论为我们培养忠实客户。

通过上述步骤我们可以看出，环节不同问题也会有所不同，并且有效解决这一问题的方案也不同。正因如此，首先确定问题出在哪个环节这一点尤为重要。

除了 AMTUL 还有各种各样的分解方法。归根到底，自己负责的商品应该采取怎样的方法才能让客户购买，只有自己思考过后才能明白。

推荐图书：
《GLOBIS MBA 批判性思维》(改订第3版)，GLOBIS 商学院著，钻石社
《GLOBIS MBA 市场》(改订第3版)，GLOBIS 商学院著，钻石社

第 7 章

演讲能力

CHECK LIST

演讲能力小测验

1. 说到演讲，感觉就是如何站在台上鼓舞人心。 CHECK

2. 演讲时，没有具体思考过演讲结束后应该呈现的状态。 CHECK

3. 从未想过演讲听众中的主要人物是谁，他关心的是什么，关心的事情背后又是什么。 CHECK

4. 没有充分了解演讲时长或设备等制约条件就开始准备演讲。 CHECK

5. 演讲内容没有形成"问题"→"问题的答案"→"新问题"→"新问题的答案"这一流程。 CHECK

6. 无法用一句话概括演讲的中心思想。 CHECK

7. 开始演讲时，没有预先讲清演讲目的、重要性和时间构成等就直接进入主题。 CHECK

8. 一味专心致志地朗读演讲资料，没有看着听众的眼睛说话。 CHECK

本章将针对有关演讲的基本思考方式进行深入讨论。

这些年，受到以史蒂夫·乔布斯（Steve Jobs）为首的名人演讲视频的影响，我们能够感觉到大家对演讲的兴趣越来越高了。

然而，去各种场合听过演讲后，我们也能感觉到越来越多的人开始一味追求书中所写的精妙的演讲技巧或漂亮的数字工具。不用说，这些技巧或工具只对内容丰富的演讲有意义。

我们要认识到很多人不擅长肢体表达或使用工具，因此这里将割舍这类技巧，以演讲基础中的基础——"逻辑构建法"和"演讲内容的巩固方法"为中心进行介绍。

之所以这样说，是因为并不是不擅长"肢体表达"和"幻灯片制作方法"的人学会了这些技巧就万事大吉了。这些只不过会偶尔表现出来，实际上还存在根本原因。

那么根本原因到底是什么呢？为了理解这一根源，我们先介绍一下做演讲时的全部要素。

首先，图表7-1想要说明的是，所谓演讲是指"把位于 B 地点（听演讲之前）的人引导到 A 地点（目的地）的行为"。在这一观点的基础上，演讲大致可以分解为以下4个要素。

①首先找出 A 地点在哪，即确定演讲的目的是什么。

② 正确理解位于 B 地点的人，即演讲的受众处于何种状态。

③掌握前往 A 地点的制约条件是什么。

④在掌握①~③的基础上，设计具体引导手段。

这里需要注意的是，我们容易在意的演讲风格或幻灯片只不过是

图表7-1 演讲的整体框架

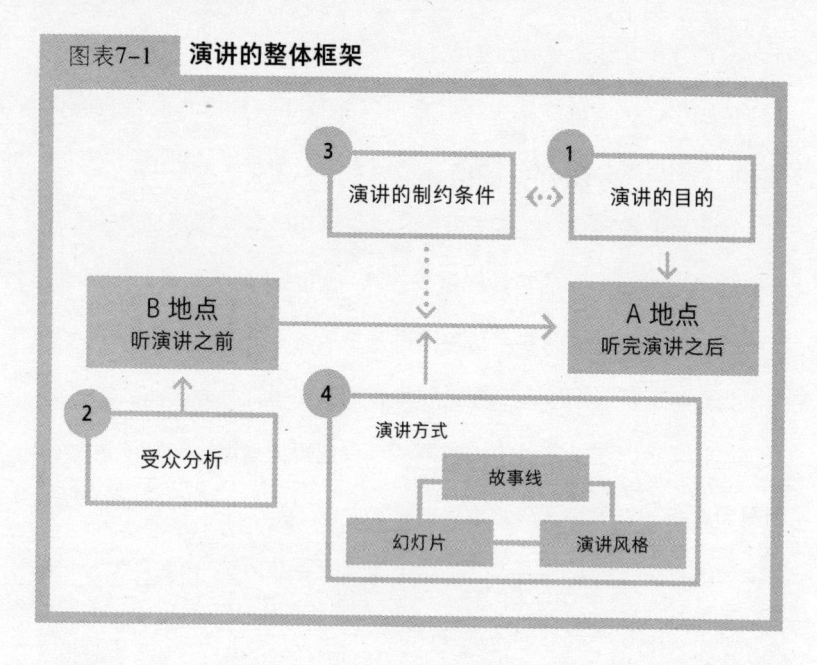

```
┌─────────────────────────────────────────────────┐
│              ③                  ①              │
│          演讲的制约条件  ←··→  演讲的目的        │
│                                   ↓             │
│    ┌─────────┐                ┌─────────┐       │
│    │ B 地点  │ ──────────→    │ A 地点  │       │
│    │听演讲之前│                │听完演讲之后│    │
│    └─────────┘                └─────────┘       │
│         ↑                                       │
│    ②           ④                               │
│    受众分析      演讲方式                        │
│                   故事线                        │
│              幻灯片    演讲风格                  │
└─────────────────────────────────────────────────┘
```

演讲的要素之一。事实上,为达到目的有一个必须思考的上游程序,大多数情况下,上游程序的好坏将决定演讲的质量。

首先,要把握演讲的整体框架和本质目的,从而推进演讲,这一点比什么都重要。

7.1 掌握演讲的目的

演讲中最重要的事情是掌握演讲的目的。大部分人即使知道掌握目的很重要，或许也会自认为已经掌握了目的。

可以看出，大多数演讲者都没有充分认识其演讲目的。在这里我们重新分析一下如何正确掌握目的。

● 目的指具体定义对方状态

假设大家在面向某个新客户进行销售时被要求使用演讲这一方式。此前我们已经多次见过对方的业务负责人，这次对方的部门经理终于也一起来了。

对方负责人希望我们为他们的部门经理进行约1小时的演讲（包括答疑时间在内），现在我们就来准备一下这次演讲。

在这种情况下，大家会如何思考呢？

想必大部分人在得知这一情况的瞬间，会转向电脑开始动手制作演讲资料吧。

但是，你已经彻底掌握了此次演讲的目的吗？

如果被问到这个问题，恐怕大家会反驳："当然考虑过目的。就是向对方的部门经理介绍我们公司。"然而，这种状态正说明你没有掌握目的。

掌握目的是指"确定演讲结束后对方应该到达的具体地点"。据此，我们可以将此次目的具体定义为"我们希望对方部门经理在1个小时后处于何种状态"。

考虑到这一点后，我们就可以思考目的中可能出现的不同程度的状态。

- 1小时后，对方经理决定跟我们签约，处于具有签约意向的状态。
- 1小时后，对方经理在下了几个订单的同时要求在这些订单的基础上提出具体报价，处于请求报价的状态。
- 1小时后，对方经理提出了一个问题，希望我们提出能够解决这一问题的产品方案，处于请求提出方案的状态。

上述3点仅仅是例子，但可以感觉出目的的层次。根据不同的目的，演讲需要传达的内容或传达方式也要随之改变。

演讲是有目的的行为，过度执着于演讲方法或技巧很容易迷失最重要的目的。首先一定要牢牢掌握这一点。

思考目的时有两个要点，即"不要展示自己做的东西，而是展示想要对方达到的状态"和"不要展示抽象的状态，而是尽可能展示能够从外部判断出来的具体状态"。

只是模模糊糊地觉得"要向对方部门经理介绍自己公司"没有任何意义。只有思考如何具体定义对方的状态，演讲内容才能直奔目的而去。

习惯明确掌握目的的人，演讲能力成长得更快。究其原因，目的越明确，演讲结束后就越容易进行反思。

对于把"介绍自己公司"这种程度的事情当作目的来考虑的人，无论演讲结果如何，他们会认为"总之先讲了再说"。这样是没有锻炼机会的。

然而，无论是什么演讲机会，只要像上述例子那样具体定义出所期待的听众状态，就能明白最终是否取得了预期效果。

也就是说，要将微小的失败的可能明确化。当然，将失败明确化后，我们就要开始思考了。通过反复思考"目的是否设得太高？""讲话方式没有达到效果？"等等，我们就能够提高自己的演讲水平。

7.2 分析受众的情况

在掌握目的的同时还必须考虑受众的情况。有关如何理解听众已经在第2章"人际沟通能力"中进行了说明,但由于演讲中经常出现比日常沟通更重要的决策场面,因此需要更加仔细地进行分析。

① 中心人物是谁?

大多数情况下演讲的听众不止一人,如果是营销方案的说明可能有三四个听众,对某件事进行说明则会有几十个听众,宣讲会的话可能会超过100个听众。

无论出现什么情况,重点都是抓住中心人物。这一中心人物是指为了实现演讲目的而成为中心的那个人。

如果我们想要的是决策,就要找到有决定权的人。当然,即使不是需要进行决策的场面,也必须找出中心人物。

假设是一场说明会或宣讲会,必须找到能够在这种场合发挥巨大影响力的人物(影响者)。根据场合的不同,影响者可能是最年长的人物,也可能是最有立场的人物,或者是对演讲主题最为了解的人物。

尽可能事先找到决策者或者影响者，这是第一要点。

❷ 理解中心人物的"问题"

在此基础上，加深对中心人物的理解也很重要。首先要理解第2章中提到的思维框架——信息 × 解释能力 × 价值观。

这里要重申一下，掌握中心人物对主题了解多少、对主题的认识有怎样的深度和广度，以及以何种价值观或关心程度来看待这一主题是极为重要的。

我们继续看看下一步。

分析演讲的受众时，最需要理解的是中心人物在这一时间点认为重要的问题。

比如，假设我们要为某企业的人事部举行培训演讲，中心人物（决策者）是人事部部长。这时，重要的是人事部部长对培训这一主题抱有什么问题。

如果他对"培训对于人才培养来说真的有效吗"这一论点本身抱有疑问，不能先回答出这一问题的话演讲就失去了意义。如果人事部部长提出"什么方法最简单有效"这一疑问，演讲又将与上面的情况有很大不同。

当然，大部分情况下我们不可能事先知道问题是什么。虽然演讲前进行接触的话或多或少可以打探到有关问题的信息，但几乎不可能在第一次见面就打探出来。

重要的是，要通过仅有的线索提出"问题的假说"。

❸ 为了了解"问题",调查中心人物的过去经历和周边环境

大部分人即使被要求"通过仅有的线索提出问题假说",恐怕也不知该从何入手。为此我们介绍以下两种方法。

首先是掌握中心人物的过去经历。具体来说,这个人经历了怎样的职业生涯才走到现在的位置、走到这一步建立起了哪些人际关系、受到过什么人的影响,这些都是必须了解的代表性要点。是研发部门出身,还是曾长期在销售部门工作,又或是从人事部一路上来的?虽说都是人事部部长,但由于职业经历不同,相关知识量会大不相同,考虑"问题"的方式也会有很大不同。

如果能够了解他受到什么人的影响之类的信息,应该很容易推断出问题的倾向。

比如,如果是受社长影响很深的人,也许可以从社长对外传达的信息中找出关于本质性问题的线索。仔细调查中心人物的过去经历极为重要。

另一种方式是掌握周边环境。具体来说,为了提出问题假说,要试着了解当事人所处的大环境。

就刚才提到的人事部的例子来说,可以活用3C框架来认识大环境,收集人事部部长所处环境的信息,从而接近人事部部长的"问题"。

也就是说,要收集"这一企业所处的市场环境有着怎样的变化?

顾客具有何种倾向？""对于这一动向，竞争对手做出了怎样的反应？是否取得了成功？""对此，我们公司想要培养什么样的人才？后来这一动向是否走势良好？"等相关外部信息。

通过接触这些平常不太注意的信息，很可能会接近作为中心人物的人事部部长所提的根本问题。3C只不过是一个例子，为了抓住当事人的"问题"，从广泛视角把握环境是很有效的。

失败的演讲有一个共同点，就是缺乏把握问题的努力。这虽然是很普通的方法，也称不上效果显著，但至少要掌握这一基本方法。

7.3 了解演讲的制约条件

接下来需要掌握的是演讲的制约条件。这里我们所说的制约主要是时间制约和设备制约。

首先来掌握一下作为基本要素的演讲时间。如果是成果汇报会之类的场合,大多会限制演讲时间10分钟、答疑时间20分钟,因此只要遵循时间即可。但也有销售场合或会议之类事先不限制时间的情况。

这种情况下容易没有时间意识,最终做出冗长的演讲。我们经常能看到时间冗长导致演讲失败的情况,反而很少看到时间太短而导致失败的情况。正因为事先没有限制时间,才要把演讲限制在较短时间之内。

真正发表演讲的时候会比预想的更花时间。脑中虽然计算着"1张幻灯片讲1分钟,所以大概需要20张幻灯片……",但站在听众面前会因为紧张而不由自主地说得更多,结果花上了两三倍的时间。还没有适应演讲场合的人最好在时间限制严格的前提下保守估计时间。

接下来谈谈设备制约。

首先是对会场的了解。在会场非常大,和听众之间存在一定距离的场合,无论如何都会产生距离感。如果能事先了解这一点,就可以通过在演讲之前设置破冰游戏等方式来减少距离感。

会场会极大地改变演讲的氛围，因此可能的话一定要提前到场地进行考察。如果去不了也应该尽量收集更多信息。

毋庸置疑，在决定胜负的场合，一些微小的举动往往会在很大程度上左右最终结果。建议大家一定要仔细完成了解制约条件这一步骤。

确保演讲中使用的设备有替代方式

大部分人在演讲中会用到将电脑连接投影仪播放幻灯片这一方式。虽然会提前熟悉场地环境，但有时候还是会发生投影仪与电脑接触不良或电脑无法启动等事故。

以防万一，在需要使用某种工具的情况下一定要准备好替代方式。越觉得"这种事情怎么可能发生"的时候越容易出现电脑罢工无法推进演讲等意外情况。一定要牢记"世事无绝对"，事先准备好替代方式。

7.4 思考演讲的内容

到目前为止,我们已经深入探讨了目的、受众分析以及制约等问题。在掌握了这些条件后,终于可以正式思考演讲内容了。

这里我们所说的内容是指在到达目的地之前的演讲整体流程,以及如何用幻灯片表现并用实际语言传达给对方。我们把这些要素分别称为"故事线""幻灯片制作"和"演讲风格"。

接下来我们就针对这3点进行具体分析。

❶ 设计故事线

所谓故事线,是语言的流向,是演讲的剧本,告诉我们为了到达目的地要如何组织演讲的语言。

用比喻来说明的话,故事线就是为了渡过某条大河迈向对岸而放置的垫脚石。如果能根据河流的宽度在恰当的位置放置石头,就可以有规律地一步一步跃到彼岸。然而,如果石头的位置相距较远或过于分散,那么即使想过河也过不去。

像这样,一边考虑可以到达对岸的河流宽度(目的地)和渡河的人(听众),一边设计石头放置方法的流程就叫作故事线。

这样一来，我们就很容易理解要先设计好石头的位置（故事线），之后再对石头本身进行加工（制作幻灯片）。先考虑整体再精于细节，这是所有业务的基础步骤。不可思议的是，在做演讲的时候居然很少有人会这么想。

大部分人都是打开电脑就开始制作幻灯片，单单是制作幻灯片的行为就具有很强的吸引力。然而，先制作幻灯片会导致怎样的后果呢？在之后的演讲中我们会看到底下的人听得云里雾里，并且一直在玩弄手机。商务人士本来就很忙，要保持大家的兴趣超过十分钟是非常难的事情。

语言稍有不顺畅或是演讲内容和自己没什么关系的时候，听众马上会开始思考别的事情、做别的工作了。

为了不出现这种情况，必须细心培养刻画演讲故事线的能力。

在认识到故事线的重要性之后，我们简单说明一下设计故事线的注意事项。

（1）反复训练细致的"提问"与"回答"

简单来说，就是要反复训练如何对细致的问题进行提问与回答。比如：

问：大家有没有思考过〇〇一事？

答：针对这一问题，据说近来只要做到 A 就行了。

问：但是这么做真的可行吗？

答：其实也不完全顺利。也有△△这样的例子。

问：那么，重要的是什么呢？

答：根据调查，我们认为重点不在 A 而在 B 上。

问：但也有很多人疑惑 B 究竟指什么，请具体说明一下吧。

答：B 就是□□。

问：那么，为什么说 B 很重要呢？

答案：这是因为 ××。

当然，并不是说随便提出问题就可以了。重要的是事先提出听众一定会问的问题。像这样反复琢磨听众会想到的"问题"和"答案"，就更容易使听众保持注意力。

只有对这一连串的"问题"和"答案"进行思考，才能找到故事

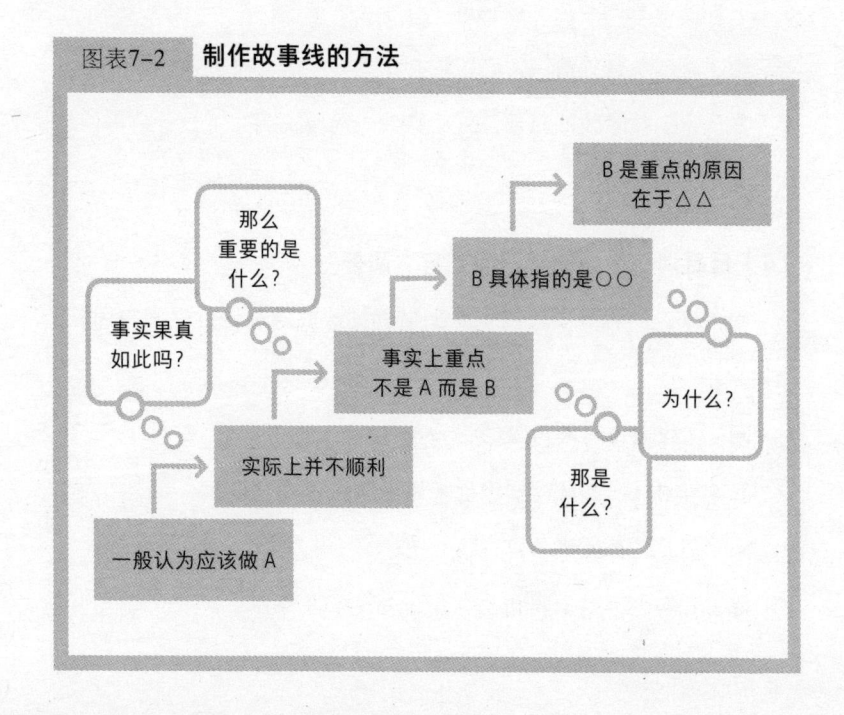

图表7-2　**制作故事线的方法**

- 一般认为应该做 A
- 实际上并不顺利
- 事实果真如此吗？
- 事实上重点不是 A 而是 B
- 那么重要的是什么？
- B 具体指的是○○
- B 是重点的原因在于△△
- 为什么？
- 那是什么？

线的中心。

（2）了解故事线的模式

细节可以通过"问题"和"答案"的反复得到，与此同时必须构建大致的故事线。此时如果能够了解容易在听众脑海里留下印象的故事模式就更顺利了。

接下来的内容会与第2章"人际沟通能力"中介绍的思维框架有一部分重复，我们再重新介绍几个具有很高通用性的故事线模式。

● 问题—原因—解决对策

首先提出问题点。如果对方对问题本身没什么认识，那么重要的是让其有一个详细认识。

定义完问题后，提出产生这一问题的原因，最后再提出"为了消除这一原因最好采取什么方式"的解决对策。

在为了解决某些问题而开展的演讲中，最好先大致预演一下这一演讲的故事线。

● 天空—下雨—雨伞

首先定义"天空"，即现在的状态。在此基础上，通过"下雨"这件事情，提出这一状况下将要发生的故事。最后，在"雨伞"这一步提出故事发生后需要采取的行动。

这是对还未发生的事情提出今后的行动方案时使用的故事线模式。

● 特征—意义—具体案例—证据

首先具体阐述这一商品或服务在规格方面的特征，然后提出从这一特征衍生出的对听众的意义或好处。

接下来,提出容易在对方脑海里留下印象的具体案例。最后,提出之所以这么说或这么做的依据作为补充。

这是提出具体服务或项目方案时使用的流程。当然,按照项目顺序一个一个进行说明时也可活用这一模式。第8章也会针对故事的创作方法进行说明,请进行参考。

② 制作幻灯片

故事线完成后,终于可以开始制作幻灯片了。

用于演讲的幻灯片由通过幻灯片传达的"信息"和表现这一信息的"载体"两部分组成。制作幻灯片时,分别考虑这两个要点是十分重要的(图表7-3)。

下面我们分别对信息和载体两个部分进行说明。

(1) 先有信息,后有载体

首先希望大家掌握的是,幻灯片的信息是通过分解故事线得出的。

反过来说,如果没有做出故事线,是无法得出也不应该得出幻灯片的信息的。

推荐大家按以下顺序操作:

①一点一点分解故事线;

②将其一张一张地记录在幻灯片上;

图表7-3　幻灯片示例

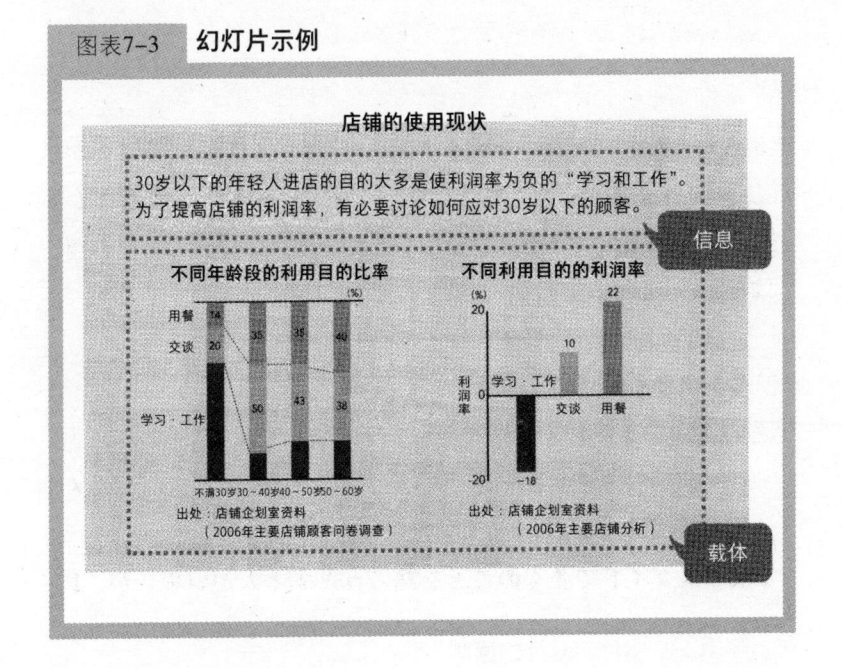

店铺的使用现状

30岁以下的年轻人进店的目的大多是使利润率为负的"学习和工作"。为了提高店铺的利润率,有必要讨论如何应对30岁以下的顾客。

信息

不同年龄段的利用目的比率

不同利用目的的利润率

载体

③确认整体过程是否流畅;

④没问题的话,从这里开始着手制作表现信息的载体。

也就是说,幻灯片不是被一张张做出来的,首先要用信息做出演讲材料,然后再一张张地完成幻灯片的载体。

如果从载体开始做的话,往往会出现到最后故事说不通的情况(并且本人还注意不到这一点)。建议大家先基于文字确认故事是否流畅,之后再动手制作载体。

(2)一张幻灯片一条信息的原则

在此基础上,希望大家能够牢记"一张幻灯片一条信息",也就是一张幻灯片只能展示一条信息的原则。

虽然有人想在一张幻灯片上呈现多件事情，但如果一张幻灯片上包含了多个信息，会导致信息过多难以观看，或是多种信息交叉在一起使得每个信息都表达不清，这样一来想要传达的信息的威力就会大减。

缩小信息范围时，如果作为结果的信息不止一个，应将其分为多张幻灯片进行展示。

比如，对"近年来我们公司的市场份额下降了20%左右，我们认为其原因在于各部门间的沟通不充分，应该以此为契机重建组织"这一信息，至少可以将其分解为如下3个信息。

第1张：近年来公司的市场份额下降了20%

图表7-4 **制作幻灯片的原则**

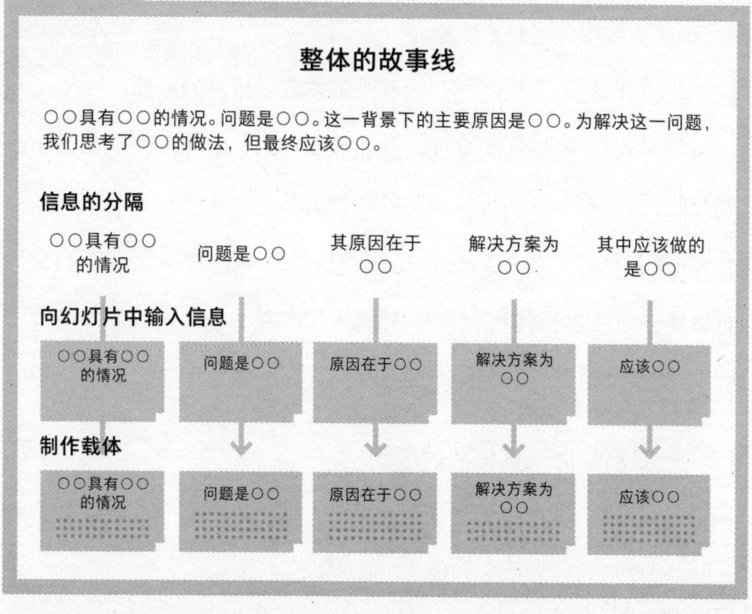

整体的故事线

○○具有○○的情况。问题是○○。这一背景下的主要原因是○○。为解决这一问题，我们思考了○○的做法，但最终应该○○。

信息的分隔

| ○○具有○○的情况 | 问题是○○ | 其原因在于○○ | 解决方案为○○ | 其中应该做的是○○ |

向幻灯片中输入信息

| ○○具有○○的情况 | 问题是○○ | 原因在于○○ | 解决方案为○○ | 应该○○ |

制作载体

| ○○具有○○的情况 | 问题是○○ | 原因在于○○ | 解决方案为○○ | 应该○○ |

图表7-5　**信息的分解**

近年来我们公司的市场份额下降了20%左右，我们认为其原因在于各部门间的沟通不充分。应该以此为契机重建组织。

- 近年来公司的市场份额下降了20%
- 其原因在于各部门间的沟通不充分
- 为解决这一问题，应该重建组织

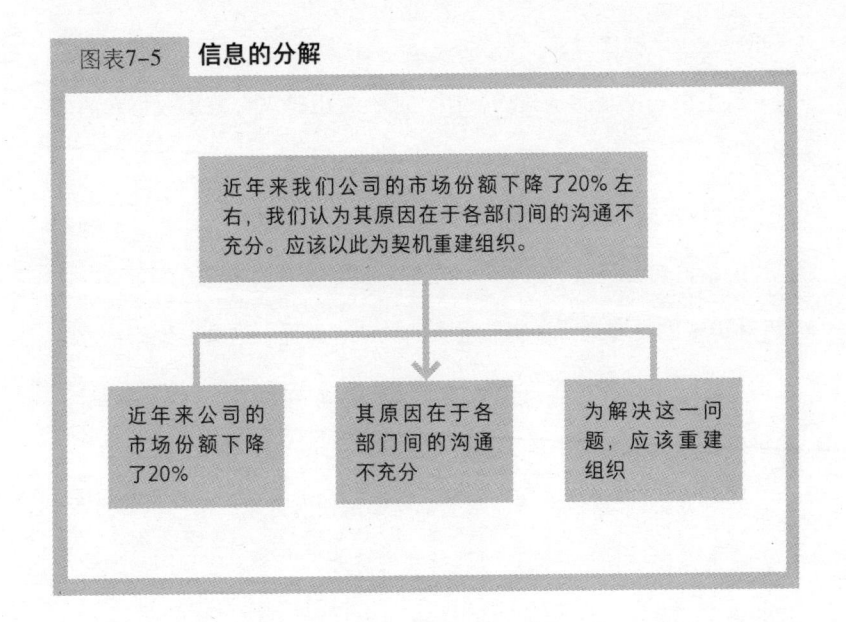

第2张：其原因在于各部门间的沟通不充分

第3张：为解决这一问题，应该重建组织

如果为了更全面地表达信息，硬是把3张幻灯片所表达的信息集中在1张幻灯片上，对方很可能无法完全消化。

因此我们应该知道，如果信息很重要，那么即使有很多张幻灯片，也要仔细进行分解。

（3）载体由"信息的整合"×"易于理解"决定

在完全得出信息后再开始制作载体，制作时需要注意"信息的整合"和"易于理解"两个要点。

大家看到这里，可能会觉得"先整合信息再做幻灯片不是理所当然的吗"。然而，在制作幻灯片时，肯定会有"这个想放进去""那个也想放进去"的欲望。

当不由自主地跟随这一欲望,就会做出充满大量无关信息的幻灯片。

在做包含"近5年来公司的市场份额下降了20%"这一信息的幻灯片时,自然会涌出"除了市场份额还想表达利润率也有所下降"或"想对20%的内容进行说明"之类的欲望。然而,这会导致幻灯片表达的信息过多。要注意只要载体直截了当地表现出信息的本原即可。如果想表达市场份额下降了20%这件事,只做这件事的幻灯片即可。

另一方面,"易于理解"指要制作不会使对方感到困惑的幻灯片。

这里我们举几个听众难以理解的幻灯片,即令人感到困惑的幻灯片的例子。

● 横轴和竖轴不清楚

● 看不出单位是什么

● 没有标明出处和引用

● 视线流动方向是从右到左、从下到上

● 字太小看不清楚

● 颜色太乱不知道哪里是重点

像这类容易让人困惑的幻灯片很容易降低听众的注意力,记住要尽可能简单易懂地传达信息。

③ 思考演讲风格

最后我们来总结一下实际演讲的说话方法和表达方法。

（1）开场白要把握 PIP

大部分人都知道开场白的重要性，但真正付诸行动的人却意外地少之又少。究其原因，大部分人站在人前的一瞬间就不知道应该说什么了。

为了不在演讲时表现得慌慌张张，至少要掌握所有演讲场合都通用的开场白。

针对这一点，《用演示说话：麦肯锡商务沟通完全手册》（基恩·泽拉兹尼著）一书中简单明了地整理出"PIP"思维框架，我们在此将对其进行介绍。

P：Purpose（目的）

在演讲的开始说明目的。简单说明你是谁，出于什么目的做这一演讲。

I：Importance（重要性）

站在听众角度阐述这一目的对听众的重要性和紧急性。

P：Preview（预告）

说明这一演讲的整体构成和时间分配。也就是说，用能引起听众兴趣的方式说明这一演讲将回答哪些"问题"、按照什么顺序表达哪些信息、需要花费多少时间等。

开场白缺少 PIP 的演讲多少会给听众带来一定的压力。

看不到目的、不知道有没有听的价值、不知道结束的时间，肯定没人想听这样的演讲。因此，表达 PIP 是演讲的底线。

（2）充满自信地演讲

经常听到有人说："演讲结束3天后就忘记了大半的内容。听众能够记住的是演讲者的态度和影响力以及演讲氛围。"这说明演讲者的姿态很重要。

为了向对方表现出自己的姿态，比起一些小技巧，演讲者对演讲内容发自内心的自信更为重要。除了演员，没有人能自信满满地说出连自己都不完全相信的东西，因为一定会在哪里露出破绽，被听众看穿。这不是用技巧或工具就能掩饰的，只有自己真正相信这一内容，才有资格站在人前演讲。

此外，另一个重点是面向听众进行演讲。有的人一站在人前演讲语调就变了，会用一种高高在上的方式说话。然而，对听众来说最容易理解的表达方式是"用自己的语言真实地表达"。

如果演讲结束后还有答疑环节，那么对听众来说答疑比演讲更具吸引力，因为答疑的时候能够与提问者直接对话。

（3）诚挚地关心听众

最后，就算只是单方面的演讲，带着诚挚的关心演讲也是很重要的。所谓精彩的演讲，即使是固定的演讲内容，也能让听众觉得"这是为了自己、符合自己情况的演讲"，从而引起共鸣。

演讲者只有关心听众的状态，根据现场情况灵活改变语言的轻重缓急才能实现共鸣。为此，对听众抱有坦率诚挚的关心比什么都重要。要好好地看着听众的眼睛，确认听众的状态，带着敬意演讲。

至此我们整理了演讲的基本注意事项,简单地介绍了如何制作吸引人的幻灯片以及演讲的风格,以在此基础上的思考方法为中心进行了说明。让我们先试着利用身边的机会好好实践一下吧。

推荐图书:
《用演示说话:麦肯锡商务沟通完全手册》,基恩·泽拉兹尼著
《用图表说话:麦肯锡商务沟通完全工具箱》,基恩·泽拉兹尼著
《魏斯曼演讲圣经》,杰瑞·魏斯曼著

第 8 章

人际影响能力

CHECK LIST

人际影响能力小测验

1. 没有意识到要不断通过日常工作来努力提高别人对自己的信任度。　　CHECK ☐

2. 没有有策略地构建包括自己所属部门在内，与决策者有关的公司内部人际关系。　　CHECK ☐

3. 没有为了解关键人物的兴趣爱好、关注点、能力等不断观察和交流。　　CHECK ☐

4. 为达成组织目标而向关键人物做具体汇报时会有敷衍。　　CHECK ☐

5. 尽管还在项目的初始阶段，却会为了追求某种重要成果突然开始行动。　　CHECK ☐

6. 总认为对方理解了自己的想法，因此疏于不断对成员讲述自己的认真程度和热情。　　CHECK ☐

7. 想对成员说些什么时，仅注重事实和数字，而忽略了背后的原因、故事等。　　CHECK ☐

8. 会议中总是急于得出结论，既没有设定议题，也没有在展开讨论、深入主题的基础上总结谈话的意识。　　CHECK ☐

本章将针对团队协作时十分重要的人际影响能力进行分析。

试着回想一下你日常工作的场景，仅凭自己的力量从头做到尾的工作大约占全部工作的百分之几？

正常来说，应该无限接近于0。我们的工作大多要借助其他人的力量或是工作成果才能顺利进行。

也就是说，我们必须将周围环境纳入工作中。但作为商业学校的老师，我们发现很多人认为自己缺乏能给周围的人带来影响，从而推进工作的能力。

笔者认为，想要提高"影响力"，从大的方面来说有3个要素很重要。

第1点是有影响周围人的意愿，有充满意义的目标，能说出发展前景。人在行动的时候，需要有行动的理由。让对方意识到为什么、为谁而工作，对公司、对社会具有怎样的意义，这些都是影响力中不可或缺的因素。特别是在严峻的条件下，人们会追求大义，仅仅为了实现自己的目标是不可能影响到他人的（详见第9章）。

第2点是运用本书前半部分讨论过的思考能力达成预期目标，描绘较为可能实现的战略。

第3点是通过实际行动影响周围的人。本章中，我们将"通过实际行动影响周围人的能力"的提高方法分解为8个要素并进行分析。

8.1　增加周围的人对自己的信任度

大部分读者都会在被自己信任的人要求做某事时立刻开始行动。"因为是他说的，就一起做了吧""他说的话肯定没错""跟着他肯定没问题"，基于这些想法做出的行动就叫作"信任"。

即使会在分析眼前状况，思考是否应该做之后再下结论，大多数情况下还要有信任的基础才能积极听取对方意见。

那么，如何在商务活动中建立信任关系呢？虽说是建立信任关系，却也要做出许多努力，在商务活动中最重要的是不断扎实积累"小的成绩"，正所谓"欲速则不达"。

那么，我们来看看与培养信任关系联系最紧密的是什么。先试着在表格上整理相关因素，凭自己的感觉在自我评价表上画出〇 × △。

请看一下四周，在表中画〇比较多的人是不是也获得了很多人的信任？并且这些细小的评价都是从公司内外产生的吧？

观察被信任者的实际行动，由此得出的结果就是评价。人们关于领导能力的讨论中，重视的大多是这个人的思考方式和思想，但最终周围的人能看到的是实际行动。如果想成为能够带动他人从而推进工作的人，必须彻底认识到这一点。

这个表格中的项目虽然看起来都是理所当然的事情，但能够坚持

专业性 　　　　　　　　　　　　　　　　自我评价

对自己的业务理解透彻　□
经常收集和自己的业务有关的信息　□

有关工作进度等的业绩

无论质量好坏绝不偷工减料　□
不忽视小问题　□
严格遵守提交时间　□
上班或拜访客户时绝不迟到　□

工作态度

哪怕最后只剩下自己一个人也会继续努力　□
比任何人都努力　□
不逃避讨厌的东西　□
勇敢承担责任,不推卸给旁人　□
前往实地认真考察　□
经常保持学习的姿态　□

沟通

总是有礼貌地交流　□
认真听别人说话　□
经常对离自己较远、容易被忽视的人给予关心　□
应该道歉的时候会正式地道歉　□

其他

沟通后会充满活力　□
有值得交往的价值　□

出处:引用自《内部影响力》,GLOBIS 著,田久保善彦执笔,钻石社,笔者有修改下去的人恐怕不多。即使能坚持3天，想要长期坚持下去也需要付出极大的努力。

提交资料时不超过规定期限，每次都比约定时间早到5分钟……在累积了这些小事之后，自身的"信任度"自然也会提高，并可以开始对周围人产生影响。

反过来说，我们要意识到无论你的思考多么正确、在多么恰当的时间提出了多么正确的方法，只要没有获得他人的信任，就无法推动他人的行动。为了实现大的成功，先从小事做起，踏踏实实地积累才是最重要的。可以说是"细微之处见精髓"。

在"提高信任度"的最后一项，让我们来讨论一下"团队"。前面我们分析了能够积累信任的思考和行动，那么除此之外，人们想要支持的人还具有怎样的性格和特质？想必乐观、诚实、虚心地去聆听他人的讲话、不惧暴露自己弱点的人才可以称得上具有魅力。

能够自然地凝聚人心、让人愿意为之付出的人也不是天生就具备这些特质，因此我们不能自我放弃，认识自己所拥有的魅力也十分重要。

8.2 建立公司内部人脉

第2个要点是建立人脉。一般来说，要使工作推进下去大多需要先将公司同事带进来。然而，我们在做企业培训时，经常能听到"比起在公司内部，年轻人更热衷于在公司外建立社交关系，和年轻职员一起聚餐的机会也越来越少了"这样的声音。

把自己封闭在公司内部是不可取的，为了和公司外的人建立社交关系要参加一些不同行业的交流会，我们经常可以在面向年轻人的商务杂志上看到这些话，这也确实很重要。

然而，请冷静地思考一下，仅仅着眼于公司外部，疏忽了公司内部有意义的人脉，没有下意识努力建立内部社交网络是否也不可取？

回想一下自己是不是总是和同期进公司的人或同部门的前辈一起吃午餐？如果没有下意识地努力建立社交网络，一旦有什么想做的事，能够带动的人数和部门肯定不多。

那么，什么是有意义的公司内部人脉？关于这一点有很多种定义方式，但最重要的是能否实现"自我成长"。具体来说，要看能否满足成为熟人的以下几点要素，尤其是最后一点。

- 遇到困难时可以与之交流的人
- 与公司内外部都有联系的人

- ●困难时可以帮助自己的人
- ●失败时能够为自己指出错误、骂醒自己的人

我们很容易与好相处、好说话的人建立关系。然而仅仅这样是不够的，即使是不好相处、严厉、自视甚高的人，我们也必须与之接触。

此外，要记住拓展人脉、加深交流与多认识熟人完全是两回事。

要想建立并维持在特殊情况下也可靠的人际关系，必须花费相应的精力和时间。

带动他人开展工作是如此，建立人脉也是如此，最终都是通过平时的积累实现的。突然发生事情时才着急地寻求帮助的人是无法带动他人的，一定要牢记这一点。

8.3　了解想要影响的人

想要影响他人时，重要的是了解对方。

相信大家为了解周围的人做出了各种努力，但通过与不同人的讨论，我们发现现实生活中为了解对方而花时间进行沟通的人越来越少了。

- 由于业绩太差、没有被录用、太忙了等各种原因缺乏沟通时间
- 团队或部门一起聚餐的机会变得非常少
- 没有把和上司或同事一起聚餐当作一次学习机会

如此种种，我们可以听到各种各样的例子。然而，如果因此放弃就无法继续沟通了。一定要抓住各种各样的机会，进行多方面的交流。

虽说沟通是理所应当的，但除此之外，"观察"也很重要。其实，人们的日常行动中隐藏着很多信息。

不知怎么脸色就不好了、经常会迟到、每天很晚才离开公司等，千万不要错过这些小信息。没什么特殊事情的时候也要打声招呼，花30分钟左右在办公室走动走动，可以获得很多有用的信息。

除了与本人沟通或是自己观察，通过周围的人来收集信息也是不可或缺的。

特别是在大的组织中，很可能无法看清所有人的情况，这时候就

要活用从可信任的人那里获得的信息，尤其要确认是否存在与将要做的事情有关的、起到决定因素的人际关系。

那么，知道了相关人士是谁之后，应该了解哪些事情呢？找到并理解所有信息是很难的，不过只要能意识到表上的项目就可以了。一定要试着评价对主要成员的了解度。

为了带动想要带动的人，首先一定要了解对方。

对一般人的了解		自我评价
能力	具有何种经验、成绩	☐
	具备怎样的知识水平、专业程度	☐
	具有怎样的视角、视野	☐
	平常一般采取什么顺序或流程工作	☐
	是否具有领导才能	☐
	是否能够带领团队	☐
	是否能够挑战新事物	☐
	是否能够挑战困难	☐
工作风格	是否能认真做报告、进行联络、与他人商量	☐
	是否做事细心,或有活力地做大事	☐
爱好	对什么工作感兴趣	☐
	对什么工作不感兴趣	☐
意向和态度	是否具有较高的问题意识、对现状的危机意识	☐
	是否具有较高的当事者意识	☐
	达成目标的欲望是否强烈	☐
	是否能够控制感情	☐
性格	性格开朗还是忧郁(能否成为情绪制造者)	☐
	情绪起伏是小还是大	☐
	是否守口如瓶	☐
	是思虑派还是乐天派	☐

对其现状的了解		自我评价
忙碌状况	加班情况	☐
身体状况		☐
私人生活中担心的事		☐

出处:引用自《内部影响力》,GLOBIS 著,田久保善彦执笔,钻石社,笔者有修改

8.4　完善的事先沟通

接下来是事先沟通。所谓事先沟通,就是在正式带动别人之前的准备工作。

说到事先沟通,可能很多人都会有消极的印象。但是,我们应该做到完善的事先沟通,即不为一己之利所驱使,而是为了社会和公司而沟通。

最近听说美国商务学校面向企业骨干开设了教授事先沟通方法的课程。从全球范围来看,为了跨越多样性的文化和价值观,有效推进工作,完善的事先沟通越来越重要。

要进行事先沟通,就要抛开有利于己方立场的想法,努力创造共赢(Win-Win)关系。

那么,在进行事先沟通时要注意哪些地方?

第1点是对利害相关方的分析。大型企业中,有时候会出现部门之间利益相左或决策者之间意见不合的情况。

究其原因,是相关人员很多,目标、价值观、看法不同导致意见不同。在这种情况下,"微妙"的调整是不可或缺的。这时需要冷静分析相关人员对这件事抱有多大兴趣、是否具有影响力。这就是利害相关方分析。

在实施某项改革时，必然会有人反对。因为改革的确会导致我们失去一些东西，所以要尽可能事先正确把握需要抛弃哪些东西、失去的部分有多少、如何弥补等事情。

第2点是通过人脉进行事先沟通。实际上在进行事先沟通时，人脉是极其重要的。

想要突然跟组织高层进行事先沟通在现实中大多是不可能的。那么，能和高层对话的工作人员是谁？能和这一工作人员对话的部长或科长又是谁？能通过一连串的人际交往，发挥"杠杆"的作用进行事先沟通，就称得上是有意义的人脉。根据事情大小和级别的不同，最终决策者可能是科长或者部长。

重要的是能否找到抵达决策者或关键人物的那条路。

然而，与关键人物的事先沟通取得了成功，却在正式场合无法说服反对者的例子也不胜枚举。也就是说，在正式实施之前，从上下左右及侧面等各个方向进行事先沟通是非常重要的。

随着全球化的发展，世界越来越复杂，对某一工作具有影响力的人更加多样化，关系也变得更复杂。在这种情况下，就要求我们提高自己的可信任度，建立人脉，学会进行完善的事先沟通。

第3点是在进行事先沟通的同时稳固资源。所谓资源就是指资金和人。

经常听到有人说："虽然理解了概念，但实际做的时候……"事先沟通并不能确保所有事情顺利进行，但在心里预演的时候，最好有确保预算和人员可控的强烈意识。

此外，注意不要做事后无法达成的逢迎和约定。在各种各样的对话中，被对方绕进去的情况也不少见。

想要推进某件事情的想法越强烈，视野就会变得越狭窄，有时会不小心许诺了无法达成的事情，这一点要特别注意。

8.5 早期先取得小成功，再不断积累

想要带动他人在公司内部做某件新的事情，或者想改变现存制度或长年累月形成的某一做法时，可以采取"积累小成功（small win）"的思考方法。正如字面意思，小成功不是能够极大影响整体的成功，而是构成整体的一小部分的成功。

人类是讨厌变化的生物，因此要实现一气呵成的巨大变化，除非集齐了相当好的条件，否则很难达成。在公司的某个时期非常活跃的人就是在当下的体系或规则中拥有较高业绩并获得好评的人，他们在当下具有一定地位或权利。为了导入某些新事物，或者改变某些现存事物，当可能会使这些人失去一部分既得利益时，必然会出现抵抗的情况。

为了打破这一状况，需要先一点一点地积累小成功并引起人们的注意，通过这一过程来影响其他人。此外，无论是对具有抵抗心理的人，还是保持中立、还在犹豫的人，又或者是赞成者，小成功都具有打消"这个方向真的没问题吗"的疑虑的效果。人们往往会跟随看起来将要成功的人，为此必须尽快取得一些小成功。

实际上，在冷静分析了自己所处的状况和建立起的人脉之后，我们可以把注意力集中在整体计划中最可能取得成果的小事上。对一些

小事进行变革所耗费的能量是比较小的，在早期实现了一次小成功后，就能通过积累成绩提高自己的信任度，也能给其他正在实践的成员带来信心。要通过业绩基础和事实基础去证明变化并不可怕，只要去做就能成功。具体来说，按照以下思路探寻早期需要着手的事情就可以了。

● 导致最坏情况的场景、种类、部分是什么？
● 最容易改善的地方是什么？

找出最坏的情况后，很可能不花时间也可以取得一些改善。此外，尽管明确了要取得的小成功，也要仔细设定计划的进度节点（确认要点）。

通过实现一些微小的进步，明确事先设定好的节点，会更容易获得成就感，也就是更容易感觉到自我存在价值。情况明确时，也更容易庆祝这一小成功。

积累小成功，在超过某一阈值的瞬间取得重大突破的例子数不胜数。

拼图不是一口气就能完成的，让我们一枚一枚地累积吧。

8.6 不断展示自己的认真程度

为了影响他人，必须通过自己的语言和态度明确展示出自己对工作的强烈意愿（承诺）。

笔者认为，"承诺"这个词很有力，其原意是"在没有达成目标时，具有自己可以引咎辞职的强烈意识"。为了影响别人，首先必须用"语言"对周围的人表达出想要达成这一目标的强烈愿望。

我们经常听到有人说：“虽然用同样的语言说了无数遍重点，但还是无法达成一致，无法传达出自己的热情。”在这里，说多少遍其实没有太大意义，唯一能够判断是否向相关人员成功传达并渗透了信息的标准是相关人员是否能说出同样的话。

如果是真正想传达、必须传达的信息，说10遍还不能理解的话就说11遍。如果有人缺席会议，要不厌其烦地一对一进行交流。从某种程度来说，人际影响能力也是忍耐力的较量。

在GLOBIS商学院的课程中经常提到，为了更好地表达自我，要做到7个W和2个H。

- Why：为什么这么做
- What：做什么
- Where：在哪里做

- Who：责任人是谁
- When：做到什么时候
- with Whom：和谁一起做
- to Whom：最终向谁报告
- How：怎么做
- How much：花费多少成本

如果不分别做到这些词，就无法理解"目标"的真正含义。即使展示自己的认真程度的时候很容易被误解为"热烈地表达"，也要有认真表达的意识。

在与担任主要工作的成员一起实现目标的过程中，要意识到让别人也参与进来。

此外，对待沟通的态度也很重要，尤其是在带动他人的时候。《BCG 战略领导力 经营者教育》（菅野宽著，钻石社）一书中提到了非常本质的事情，接下来我们将对此进行说明。

其中，最后两点是笔者的补充，为了带动他人而进行沟通时，最好能记住以下这几点。

Said ≠ Heard

即使我们说过了，对方也未必会听到

Heard ≠ Listened

即使对方听到了，也未必能听进去

Listened ≠ Understood

即使对方听进去了，也未必能理解

Understood ≠ Agreed

即使对方理解了，也未必会赞成

Agreed ≠ Convinced

即使对方赞成，也不代表会发自肺腑地认同并想要行动

Convinced ≠ Action taken

即使对方发自肺腑地认同并想要行动，也不代表会付诸实际行动

Action taken ≠ Achieved

即使付诸行动了，也不一定会有结果

出处：引用改编自《BCG 战略领导力 经营者教育》（菅野宽著，钻石社）

上述内容说明的正是沟通的本质。"说了，告诉了"这一阶段离取得成果还相差甚远，要时常意识到这一点。

接下来是"态度、行动"。无论具有多么强烈的意识或多想用言语来表达，如果不能用具体形式表现出来，那么很快就会被对方看穿。

强烈表达过后必须要有热烈的行动。说出去的话要和行动保持一致，这是最起码的底线。为了展示自己的热情，需要让大家看到对于这一工作你比谁都拼命的姿态。简言之，就是比谁都干得多、抢先去做别人不愿意做的事情、为了他人拼尽全力、经常去相关人士那里露

面,等等。

"为了他人拼尽全力"这一点尤为重要。带动他人指的是你自己想要通过带动他人来完成某件事情。也就是说,要让别人尽力帮助你做你自己想做的事情。如果想要借用他人的力量,一个大前提是在希望他能为自己做出贡献之前,先为他尽全力工作。

最后,前往实地考察也非常重要。切实了解实际的工作场所,和现场的工作人员好好沟通,感受实际氛围。即使是小组织,离工作现场很近,也必须充分注意这一点。无论是多小的组织,如果没有去看、去听的强烈意识,也无法收集到信息。

看到这里,可能会有人认为这是在推崇大家不顾时间拼命地工作。但为了带动他人,让大家行动起来,在某种程度上确实有必要这样做,如果你是年轻成员则更应如此。

人们对"别人是否正在拼命努力"这件事非常敏感。只要扎实努力地做下去,这一态度自然会给人留下印象。有时在项目刚启动时,有必要忽视时间不顾一切地去做。

8.7 讲述故事

带动他人的时候,还有一件非常重要的事情。第2章中也提到过,就是讲述故事,或者说通过故事进行传达。

试着回想一下昨天参加过的会议。虽然知道很重要,但几乎记不住只有数字和事实的说明或演讲,即使记得也只是一点点。

为了给人留下印象,激发人们付诸行动的意愿,重要的是通过故事性描述让听众想象出具体场景。

叙述实际情况,讲述实际登场的人物、困扰的地方以及下一步会如何发展,等等。故事中有可能会带有叙述者的感情或思想,因此能够带来更大的冲击力。

根据 Margaret Parkin 的《巧用故事做培训》(*Tales for Coaching*),我们可以发现好故事具有以下8大要素:

1. 现状(将读者和主人公一体化);
2. 契机(将要发生某件事,使现状无法维持);
3. 探究之旅(呼应问题);
4. 惊讶(契合压力或惊异的真正原因);
5. 重大抉择(由于受夹板气出现进退两难的状态);
6. 高潮(做出决断或选择);

7. 转换方向（决断导致某种变化）；

8. 解决（成功转换方向）。

笔者在GLOBIS商学院校园开放日的说明会上做过几十次演讲，都是用故事讲述GLOBIS这所学校的历史，在几分钟之内就能用这8大要素中的5个要素活跃气氛。

此外，每次我都会切身感受到参加说明会的听众在哪些事情上注意力最为集中。希望大家多多注意这8大要素。

8.8 锻炼会议引导能力

在公司开展某项工作时，大多数正式的沟通场合就是会议。为了极大地鼓动参会人员，提高会议引导能力是非常重要的。

引导者主要负责会议议程安排、会议各阶段的划分和推进工作。

此外，还与每个参会人员的思考过程和感情有关。参会人员较多的情况下，大家的思考方式或各种各样的思想肯定会有碰撞，感情和相互关系也会经常变化。正因如此，才能催生出未曾想到的提案。如果能利用这一场合掌握有效带动参会人员的能力，那么它将成为工作中的一件强大武器。

引导力中包含多种能力，在此GLOBIS将其设定为以下几种。

● **明确会议中心议程及相关论点的能力（设计会议的能力）**

这里要运用我们曾经讨论过的逻辑思考能力，抓住会议中需要讨论的重点，时刻注意不要让讨论偏离主题。

● **对话促进能力（引出发言的能力，理解发言并分享到全场）**

会议初期可能会出现讨论不够活跃的情况，这时营造易于发言的氛围、给予刺激的能力十分重要。

● **总结讨论内容的能力（听取发言，找准方向，使人提出反对意见，引导出结论）**

实际讨论的阶段中,扩大、深化发言,中止不相关的对话,总结内容的能力十分重要。在得出结论的阶段,要求我们能够判断此次会议将得出什么程度的结论、找准相关论点、管理对立观点并引导出结论。当然,根据目标的不同,运用多种方式提问也很重要。

● 照顾对方情绪的能力

最后,照顾好参会人员的情绪,避免让会议中的对立局面延伸到会议之外也很重要。如前所述,一定要深入透彻地理解想要影响的对象,同时推动讨论的进行。

本章针对人际影响能力进行了分析,但这并不是秘密武器,不代表只要照做就一定能带动他人。说到底还是要通过日积月累的努力提高他人对自己的信任度,从而增加能够带动的人数。

推荐图书:
《内部影响力》,GLOBIS 著,田久保善彦执笔,钻石社
《GLOBIS MBA 批判性思维:沟通篇》,GLOBIS 商学院著,钻石社

第 9 章

团队协作能力

CHECK LIST

团队协作能力小测验

1. 没有关心团队成员，掌握其日常状况（工作量、烦恼、工作动力等）。　CHECK ☐

2. 针对团队的长期目标，虽然自己能够理解上司的指示，但无法用语言表达出来，也不能转达给团队成员。　CHECK ☐

3. 虽然将团队的达成目标数值化了，但在数值化过程中没有采取定量测量的形式。　CHECK ☐

4. 开始做项目的时候，没有向团队成员分享团队中重要的文化或规则。　CHECK ☐

5. 作为领导只做了自己的努力，没有客观把握自己擅长的领导力和存在的问题。　CHECK ☐

6. 虽然有把工作交给团队成员的想法，但具体不知道如何分配。　CHECK ☐

7. 不了解每个团队成员工作的动力源泉是什么。　CHECK ☐

8. 虽然注意到团队成员中的人际关系问题或分歧，但由于太忙总把问题往后拖，没有立即解决。　CHECK ☐

大家听到"团队"这个词会想到什么呢？可能是工作团队、某一项目的团队，又或者是私下组成的某个团队。大部分人在不同场合会属于多个团队。

"团队"这个词在日常工作中用得实在太多了，因此很多人都没有认真思考过其含义。尽管如此，我们还是会经常听到"团队协作很重要"这句话。

一般来说，公司中存在部、科、室、○○团队、○○对策小组、○○项目组等各种团队，其共同特征是旨在成为拥有某种共同目的或共同目标，通过多名成员的努力实现更大价值的集合体。

在本章中，为了将团队价值最大化，我们将分析一下应该注意哪些要点。

9.1 认识团队

具有某种目的，追求个人无法达成的某一共同目标（成果）的就是团队。虽然在一起工作，彼此却不共享信息，且互相不清楚对方所做工作的并不是团队，只能被称为群组。

虽然构成团队的要素很多，这里我们只针对①共同目的、②应该达成的目标、③团队文化（共同价值观或规则）、④领导、⑤成员5点进行分析。

❶ 团队具有共同目的

团队中最重要的因素是具有共同目的且团队全员对此达成了共识。

我们将共同目的称为使命，它代表着我们因什么而存在，发挥怎样的作用，能够创造怎样的价值。

具体来说，为顾客提供某种服务的团队并不只是简单地"为顾客提供服务"，还应具有"提供令人感动的服务，甚至让顾客想主动推荐给身边的人"的目的。例如，产品开发团队应具有"创造出前所未有的革命性产品"的目的。

团队目的不是想当然地被赋予的，重点是用自己的语言再次定义团队目的，使这一目的的意义和价值得到全体成员的认同。

如果全体成员能够感到振奋或充分认识到目的的重要性，并且能自豪地用语言表现这一目的就更精彩了。

② 为每个成员设定目标

仅仅设立团队目的仍过于抽象，很容易使每个人对目的产生不同的理解，导致对重点的认识不一致。

这样一来，工作的优先顺序会因人而异，即使每个人都在努力，还是很容易导致团队受挫。为了避免这一状况，有必要将团队目标更加具体化，落实到每一个人身上。

明确区分长短期目标非常重要。要将团队整体目标划分成各个不同阶段，定量检测团队任务的达成度。

如果说餐饮行业中顾客服务团队的目的在于"提供令人感动的服务，甚至让顾客想主动推荐给身边的人"，那么其长期目标可以设为"达到〇〇杂志顾客满意度排行榜的NO.1"，将短期目标设定为"顾客问卷调查平均达到〇〇分"。

接下来给团队中每个人设定目标。领导要和每个人深入沟通，明确其分工、责任和业务范围，设定一个双方都能接受的目标——这一步非常重要。团队成员对团队目标以及自身作用有了一定理解后，就会催生出作为团队一员的自觉性和贡献意识。

成功的团队中，成员大多会把实现团队目标放在与实现个人目标同等重要的位置，并将其作为个人目标中的一项。同时，团队成员也会共享每个成员的业务范围和目标，力求工作的可视化。

以上这些做法可以促进团队目标的达成，让成员间的信息共享更为顺畅，使团队形成一种互帮互助的文化氛围。同时还能够培养成员间的连带责任感，分享团队所有成员的成就感。

③ 将团队文化（共同价值观或规则）灌输至全体

成功的团队会将共同价值观或规则灌输给团队成员，树立团队文化。这样的团队大多具有团队成员间互相尊重、相互帮助、不分内外，信息流通顺畅、具有规律性，问题发生时团队全员能共同解决等文化特征。

它们的共同点在于有一个明确的认识，即在履行个人职责的基础上，团队所有成员要齐心协力，为个人无法实现的目标而努力。像这样共享重要信息，抱有共同想法，朝着同一目标努力就是团队的本质。同时，团队也有必须遵守的具体规则，这一规则被称为 WAY，是团队中重要的行为规范。比如：严格遵守时间、用心沟通、直截了当地反馈、陈述事实，等等。

优秀的团队毫无例外都具有个人的独立意识和团队成员之间互相付出的意识，以及能够化干戈为玉帛的规则。请大家确认一下自己团队的状态。

④ 能够带动他人的领导

团队领导肩负着一个团队的文化，甚至说领导直接决定了团队能否发挥作用也不为过。优秀的团队领导说话时不用"我"而是"我们"，不仅会用自己的语言来表达重要的价值观或想法，同时还能以身作则，向所有成员展示自己的姿态。

领导的类型有很多，既有一马当先冲在大家面前起表率作用的类型，也有仔细听取成员意见，尽可能削弱自身存在感，以自下而上的方式支持大家工作的类型。如果你处于领导的立场，首先要正视自身，在充分了解自己的前提下确立适合自己的领导风格，在此基础上根据团队的使命和当时的状况自由地改变领导风格。

这些事情说起来简单，但理解含义与真正付诸行动有很大区别。要花时间直截了当地确认哪些是自己能做到的，哪些是无法做到的，每日保持这种意识踏踏实实地努力，除此以外别无他法。

领导的工作中最重要的一项是如何带动成员和相关人员，实现最为可观的成果。这一点我们已经在第8章"人际影响能力"中做出了详细说明，请进行参考。

有关领导力的其他重点，我们会在本章的后半部分一一进行分析。此外，还有很多有关领导力的书籍，也会在本章的最后进行介绍。

⑤ 具有追随力的成员

团队是由领导和成员组成的，让团队发挥出最大作用的前提是每个成员都能发挥作用并承担责任。此外，正是因为有追随领导的成员的存在，领导才能称之为领导。追随领导的人叫作追随者，有时即使站在领导的位置上，如果稍微改变立场，也会同时成为领导或其他团队的追随者。一个好的追随者具有跟领导力相对的追随力。大家对"追随力"这个词是怎么理解的呢？

团队成员能否发挥良好的追随力取决于领导，但同时自己需要领会的东西也有很多。此外，即便坐在领导的位置上，有时候也要发挥追随力，暗中守护自己的成员。

所谓追随力，是指适当地协助领导，和领导一起打造团队的能力。这并不意味着一味被动地服从领导，而是要求大家进行自我领导，积极推动领导的工作。优秀的团队中，在领导发挥领导力的同时，成员也会发挥良好的追随力，两两相乘，从而取得超越成员个人能力总和的成果。

9.2 打造团队，开发领导力

为了让大家打造良好团队，本节将分析领导应具备的能力。

本书各章阐述的能力本身就是领导应该具备的，因此这一章我们来谈谈除此之外的重要技能。

只有拥有追随者，才能成为领导。也就是说，要想打造一个团队，领导的重要工作之一就是管理人际关系。下面将按顺序针对培养成员的能力、提升动力的能力、发现变化的能力、引导能力和精神这5点进行说明。

① 培养成员的能力

自己独立做某项工作时，要想取得成果，只要找到适合自己的工作方法，进行自我管理和业务管理，努力完成任务即可。但如果是带领一个团队，这样是不可行的。团队领导在完成自己任务的基础上，还要负责培养成员、对其成长负责。

第一次带领团队的人最常出现的烦恼是"成员不按自己的想法工作"，最终会变成"这样的话还不如自己一个人做算了"。实际上，自己包揽工作、不能很好地为成员分配工作是首次做领导的人经常会遇到的问题。

此外，大家是否会因工作分配产生不满，也是处于领导位置的人在初期经常会有的担忧。并且很多人还会面临沟通问题。第2章"人际沟通能力"中也提到了这一点，比如往往会出现"自己想表达某件事，但对方完全理解不了"的情况。为了避免这些问题，需要培养哪方面的意识呢？

培养成员的过程中，了解成员状况、根据对方的水平分配合适的业务和目标，在必要的时机给予恰当的鼓励，管理工作进度等都非常重要（这被称为授予权限）。

首先要从了解成员入手，了解成员的能力、强项、弱点及具有何种价值观，等等。

领导要意识到自己对成员的成长和人生负有责任。比如了解能成为其工作推动力的是什么、适合什么工作等，直接对每个人进行细致的关心。

根据成员的情况，理想的状态不是分配给他有能力完成的工作，而是在此基础上增加10%~20%的弹性工作。换言之，最好设定一个巧妙的目标，让成员感觉只要努力就一定能达成。

如果给下属安排超过其能力范围的工作，那么无论本人多么努力也无法取得预期的成果。不仅没有成效，还会令人丧失信心，让其他成员感到困扰。安排与对方能力相匹配的工作是领导的一大责任。

分配完工作后，领导要给予一定程度和范围的决策自由，定期管理进度，并在必要的时候给予帮助。

图表9-1　培养成员的能力

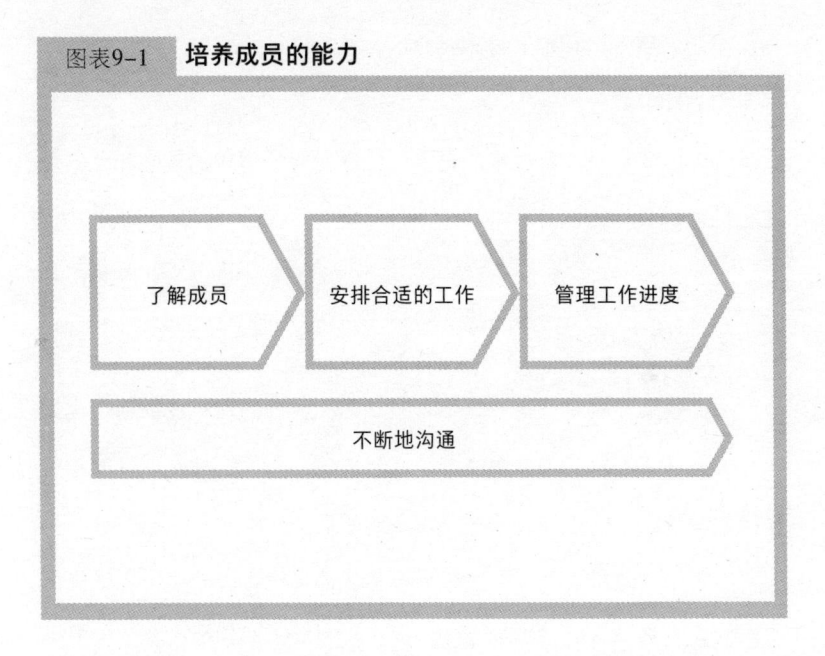

```
了解成员 → 安排合适的工作 → 管理工作进度
不断地沟通
```

虽说最好由成员主动进行汇报，但有的成员不怎么擅长汇报、联络和商讨。领导在因为没有收到成员的汇报而感到焦急之前，就要考虑建立各种机制，比如定期召开会议等。

此外，为了恰到好处地给下属提供帮助，换位思考的能力很重要。有人调侃"能干的人教不出另一个能干的人"，这一倾向特别容易出现在实际负责人、能取得成果的人身上。理由很简单，因为他们无法理解自己简简单单就能做到的东西别人为什么做不到。

对于自主驱动型的人来说，自己设定一个较高的目标，并朝着这个目标不断努力是很正常的事情，因此他自然会认为做不到的人是因为"不够努力""太懒了"。

此外，人们对待工作的态度也会根据各自价值观的不同而有所不同。要认识到自己和别人是不一样的，工作能力、价值观也因人而异，并用心去理解这些差距。

同时不要拿别人和过去的自己相比，而要拿对方的过去和他的现在相比较，看看成长了多少。

❷ 提升动力的能力

人要做某件事情，就一定要有推动这一行动的动机或欲望，也就是动力。动机和欲望的强弱决定了我们能认真到什么程度以及能不能保持这种势头，不抛弃、不放弃地做到最后。

当然，如果团队中每个人都斗志昂扬地工作，带着要把工作做得更好的念头竭尽全力，最后往往会取得比预期还要好的效果。正因为如此，拥有能够提升成员动力的能力才非常重要。

在领导中，能够自我激励，也就是能够自然而然地找到提升自我动力的方法的人有很多，但因此也有很多人从未仔细思考过该如何激励别人。

同时，对于工作不主动的成员，有的领导没有针对原因进行深入思考，仅仅捕捉到"注意力不集中""意志薄弱""能力不足"等表面问题，所以只会干着急。

为了提升每个团队成员的动力，进一步打造队伍整体的动力，需要注意哪些方面？下面我们来一一进行分析。

首先是如何提高每个成员的动力。

人到底是为了什么而工作的？关于这一问题，有马斯洛的需求层次理论和赫茨伯格的双因素激励理论这些著名的理论。

需求层次理论把人类的需求分为5个层次，呈金字塔型排列，人在满足了低层次的需求后，会投入追求更高层次需求的行动。

5层次的分类如下——

生理需求：吃饭、睡觉等满足生存最低限度的根本需求；

安全需求：有住所，对安全、安稳生活的需求；

社交需求：归属于某些团体，对伙伴的需求；

尊重需求：获得他人尊重和认同的需求；

自我实现需求：达成自我目的，实现自身价值的需求。

双因素激励理论认为，工作中有令人满意的因素（激励因素）和令人不满的因素（保健因素），例如——

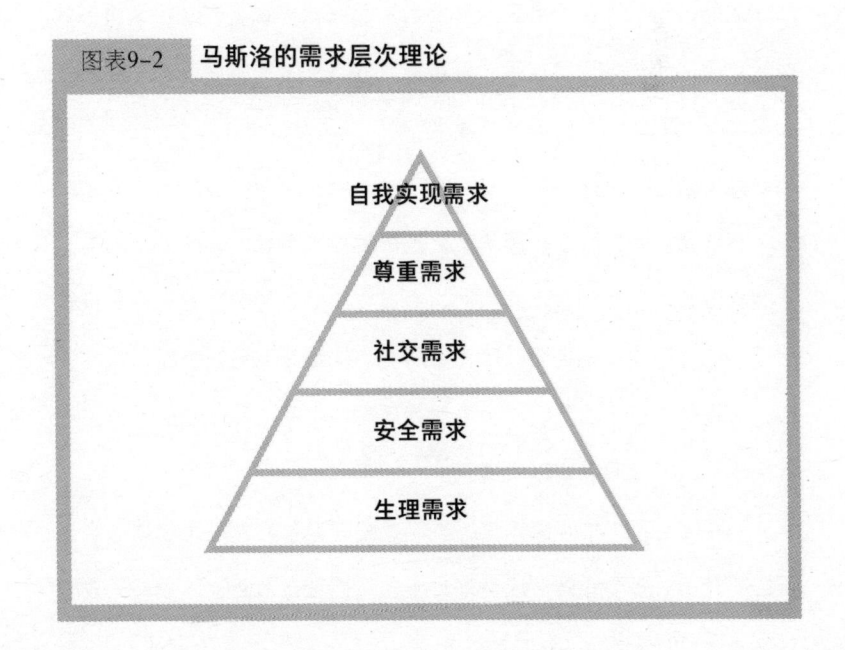

图表9-2　**马斯洛的需求层次理论**

自我实现需求

尊重需求

社交需求

安全需求

生理需求

令人满意的因素：成就、认可、工作本身、责任、晋升等；

令人不满的因素：公司政策、经营、管理方法、工资、人际关系、工作条件等。

令人满意的因素是来自人们内心的东西，比如项目取得成功，获得了周围的称赞，但即使没有达到这一成就也不会让人感到不满。

令人不满的因素主要是外界带来的。虽然恶劣的工作条件会引起人们的不满，但这并不意味着只要具备了良好的工作环境就一定会让人满意。

当然，仅仅依靠这两个理论是不够的，只不过这些意识能够帮助领导掌握团队成员处于哪种状况，了解什么东西能激励他们以及怎样的环境和工作内容可以满足成员的需求。

此外，能对人产生激励的重要因素还有认可和责任。在做决策的时候，要尽可能向团队成员公开决策流程，让成员感受到这一决策是大家共同做出的，这一点非常重要。

接下来是如何提高整个团队的动力，也就是如何形成团队文化。

刚刚我们也提到了，团队文化是由领导来负责的，此外，培养团队的氛围也是领导的责任。为此，最重要的是领导要常常保持积极的态度。如果领导总是担心过度，对所有事情都采取消极态度，这种情绪就会蔓延到整个团队。要努力保持乐观向上的精神，注意不要出现情绪波动或是使问题难以沟通。

领导也是人，也有身体状况不佳或感到辛苦的时候，这种时候更要控制自己，不要让其他成员察觉出来。这也是判断领导是否优秀的一种方法。

此外，团队中大家的感情是共通的。喜悦的心情自然不用说，遗憾、后悔的心情也是一样。人的举动很大程度上都会受到感情的影响，控制这些感情，增加积极的行为，减少消极的行为也是领导的工作之一。

③ 发现变化的能力

在团队成员或整个团队即将出现某种问题之前，能够感觉到"好像和平常有些不一样"，即察觉到异常的能力也是领导必备的。

"○○看起来没什么精神""团队成员之间的关系不太自然"，平时常常关注成员状况的领导注意到这些异常的可能性比较高。一旦察觉到有不对劲的地方，首先要冷静地分析，思考这是私事等个人问题造成的，还是多名成员之间的关系紧张造成的。

接下来，作为团队领导，带领成员时必须直面自己和团队成员的对立或团队成员之间的对立等人际关系问题。这种时候才能体现领导的真正价值。在某些场合，人们的行为会出现分歧，比如有时候会面临向团队成员转达令人讨厌的通知的情形。

这些情形大致可以分为两种，一种是领导和团队成员之间的关系，另一种是团队成员之间的关系。

如果注意到领导和团队成员的关系不和，并存在需要反馈的问题，一定要尽早创造一对一沟通的机会，这一点很重要。

领导自身工作量巨大的时候，可能有拖延的冲动，但拖延不能解决问题，因此要优先创造谈话机会。

反思自己没做到的事情时会产生内疚感，为了避免这种情况，领导必须严于律己，以身作则推进工作。

面对团队成员之间的矛盾，首先要基于事实仔细确认发生了什么，问题是什么时候产生的。确认矛盾是如何发生的，且形成了怎样的局面。此外，还要观察这一问题能不能被修复，有没有到不将某个人踢出队伍就无法解决的地步。

矛盾大致分为3种阶段，有信息交流不充分、沟通不足的潜在对立阶段，当事人感情用事的阶段以及阻碍工作、出现某种障碍的阶段。

发现团队中出现矛盾的时候，要尽早掌握时机将其提出来。

矛盾就像蛀牙，放任不管是不会自我解决的，很容易导致工作效率降低，甚至失去团队重要成员。因此，无论多忙都要优先解决这一问题，一念之差就可能导致落后和被动。

领导弄清情况后，要让当事人互相沟通，或者自己也加入对话，又或者变更其工作内容或职位，做一些恰当的介入。

矛盾展现出来后，可能会出现更加严峻的沟通问题。如果已经到了这个人的存在本身只会导致不良结果的地步，作为领导就必须做出某种选择。

能够做出严格决策的领导和逃避问题的领导之间的差距，就在对待团队的认真程度上。

④ 引导能力

好的团队中，领导和团队成员以及成员和成员之间能够相互理解，顺利沟通。这要求领导能在成员、团队和其他部门等各种场合应对自如，掌握引导能力，疏导整理问题并关注团队中每一个人。

会议等有关流程管理的引导能力已经在第8章"人际影响能力"中进行了说明，这里我们来分析适用于团队成员间人际关系的引导能力。在此所说的引导能力也可以说是处理人际关系的能力。

人与人之间的关系可以通过沟通实现部分控制，为了顺畅地沟通，心理学家乔瑟夫和哈里提出了"乔哈里视窗"模型。

这一模型由"自己知道/自己不知"和"他人知道/他人不知"两个维度构成，分为自己知道他人也知道的"开放区"、自己知道但他人不知道的"隐藏区"、自己不知道他人却知道的"盲目区"和自己不知道他人也不知道的"未知区"4类。

为了顺畅地和他人沟通，应该积极开放自己的内心，增加自己知道他人也知道的"开放区"的面积，同时缩小他人知道自己却不知道的"盲目区"的面积，这一点非常重要。

越是积极地开放自己的内心，"隐藏区"的面积相对就越小。

此外，越是开放自己的内心，他人做出某种相应反馈的机会就越多。这样可以增加自我认知，缩小"盲目区"的面积，进而通过与他人之间的交流增加对方的认知，加深相互理解。这样即使双方出现一定的分歧，基本也能建立起互相信赖的良好关系。

作为领导，在和成员单独进行沟通时，针对成员存在的问题不要

图表9-3　乔哈里视窗

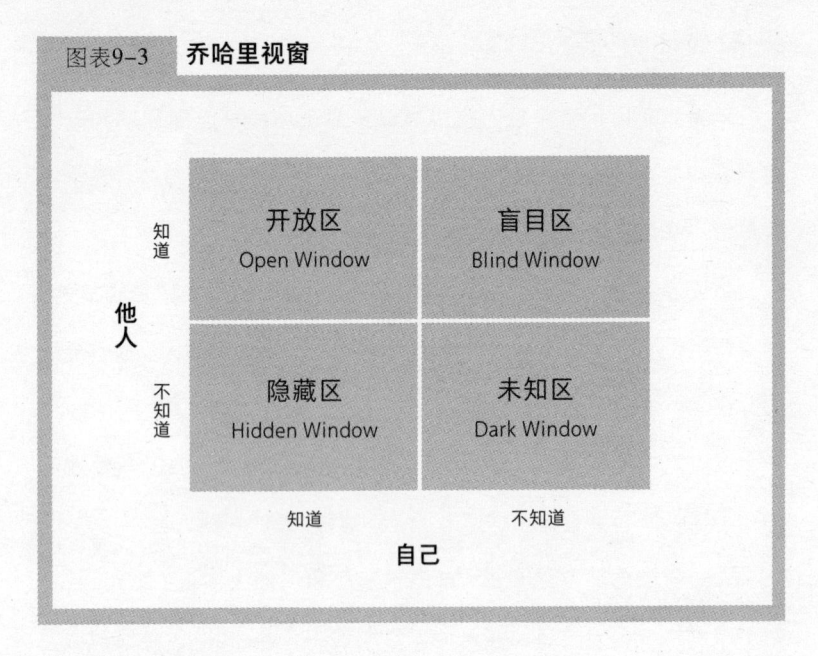

	知道（自己）	不知道（自己）
知道（他人）	开放区 Open Window	盲目区 Blind Window
不知道（他人）	隐藏区 Hidden Window	未知区 Dark Window

直接且单方面地提出建议，而是要让其了解到自己的"盲目区"，最好用反馈或提问的方式进行沟通。

重要的是在事实的基础上尽可能地保证客观性。此外，团队成员之间可能存在不少摩擦或纠纷，然而大多数情况下双方的误解都是由信息不对称导致的。

如果试着将"乔哈里视窗"套用于信息共享，可能会发现自己知道但他人不知道的"秘密之窗"。

处理团队成员间的人际关系时，要牢记这一视窗，努力保持冷静，在把握这一结构后再行动。

⑤ 精神（心理状态）

最后，我们来分析领导应有的精神（心理状态）是什么。"想追随这个人""想跟这个人共事"，甚至"因为这个人才想做这份工作"，能获得成员如此追随的领导一定充满个人魅力。

个人魅力很难被定义，但是我们可以列举出热情、包容力、决心这3个关键词。

热情不仅仅指对团队中每个人的热情，还有对事业的热情和对顾客的热情。这一热情是无私的、诚实的，纯粹的热情会使人感动并影响他人的行动。最为热情的那部分可以被称为"志向"，这一点会在第10章详细说明。

有人会事先展现出自己的热情，也有人常常把这份热情放在心底，只能在某些偶然的时刻被人窥见。虽然热情的形式多种多样，但无论是什么形式的热情，对领导者来说都是不可或缺的。

包容力来源于对团队成员的感情。珍惜每一位成员，从心底相信并理解各种可能性，这是值得信赖的领导会采取的姿态。人与人之间是通过信赖加深关系的，首先要从理解对方开始，在理解的过程中慢慢产生信赖。

让成员产生"领导能够理解自己"的安心是构建信赖关系的重点，因此领导首先要理解并信任团队成员，这一点很重要。但是，"理解"这个词说起来简单，实行起来却非常困难。这时我们应该有图表9-4中的意识。

看得见的那部分指的是人的行动，一定要深刻认识到采取行动之

图表9-4 领导力的冰山模型

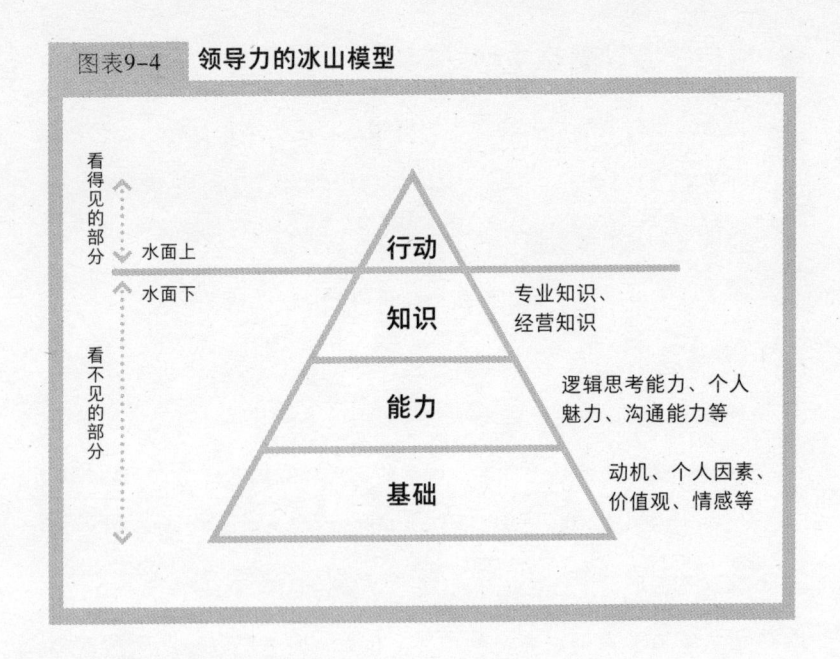

```
看得见的部分 ─ 水面上
           ─ 水面下
看不见的部分
```

- 行动
- 知识 —— 专业知识、经营知识
- 能力 —— 逻辑思考能力、个人魅力、沟通能力等
- 基础 —— 动机、个人因素、价值观、情感等

前的过程会因人而异。

如前所述,价值观因人而异,性格和工作动机也是各种各样。此外,每个人积累的经验、具备的知识技能也不一样。如果不能理解这些基础部分,就无法真正理解对方为什么会采取这一行动。

想要像这样看待事物,只能慢慢培养。团队成员中有人做出自己无法理解的行动时,不要不分青红皂白地否定,而是要有意识地注意水面以下的部分,从而理解他为什么会做出这一行动。

最后是决心。决心是"说起来容易做起来难"的代表,领导的自觉意识和责任意识有多强烈决定了决心的大小。特别是在团队出现问题的时候,成员更能感受到领导的决心。

所谓决心,是指平常对待工作的认真程度,通过日积月累就能看出决心的差距。如果能在日常工作中尽力做到最好，那么出现问题时就会产生"至少已经尽力了，再往上实在做不到了"的尽责感，这一点在非常时期能成为领导者的精神支柱，并影响到周围的人。

平时的每一项工作都要尽力做到最好，这样结果才能最好。

9.3 在沟通上下工夫

如我们所见，团队如果要发挥作用，需要结合各种各样的要素。

虽然日常工作中最重要的是提高团队成员之间的信赖感，但某种程度上也有经过事先策划就能达成的部分，接下来就介绍几种方法。

① 沟通方法的准备

平常我们采取的沟通方法主要有面对面交流、通过电话或视频会议交流、通过邮件或社交网络交流等。

当然，最为理想的肯定是直接的、面对面的、能够感受到对方情绪和反应的沟通方法。然而，最近跨地区团队屡见不鲜，从物理上来说团队成员间无法见面的情况也越来越多。

即使是通过邮件交流就足够的事情，出于减少距离感、增加亲近感这一目的，偶尔也要有意识地创造机会，让成员能够通过电话直接听到对方的声音，通过视频会议看到对方的表情，这一点非常重要。此外，用邮件沟通的时候，仅加上一个笑脸的表情就能够在很大程度上改变对方的印象。

如今网络上也出现了各种社交工具。要传达只用文字表达会看起来较为严肃的内容时,如果加上表情或图片,那么在传达必要信息的同时也能从侧面提供情绪上的缓冲素材。

② 团队建设

团队成立初期或重建初期,又或是新成员加入的时候,可以组织各种形式的团队建设活动。

可以根据团队的状态,走出办公室,变换场合,创造一次能够针对团队的 WAY 或方针进行交流的机会,或者以加深相互了解为目的开展某项活动。

以上我们对建设团队的能力进行了分析,团队的成就以及团队内所有事情的责任都在领导者身上。抱有决心,从心底相信自己和团队成员的可能性,诚实地面对所有人是最重要的。

信赖的积累需要花费大量的时间,失去信赖却只要一瞬间。要牢牢记住这一点,一步一步脚踏实地地向前走。

推荐图书:
《领导力:如何在组织中成就卓越》,詹姆斯·M.库泽斯,巴里·Z.波斯纳著
《成为领导者》,沃伦·本尼斯著
《仆人式领导》,罗伯特·K.格林利夫著

第 10 章

志向发展能力

本书的最后，我们来分析一下作为"职业生涯（=自己的人生）"的基本轴的"志向"。GLOBIS商学院最重要的教育理念就是"培养志向"。如果不知道将努力学到的各种商务技巧活用在哪些事物上，也就是说如果没有方向，那么即使学会了许多技巧，也很可能变成守着金饭碗挨饿的状态。

大家在听到"志向"这个词的时候，脑中会浮现出什么呢？可能会想到非常宏伟的梦想，比如为了这个世界、为了人类……说到人名，大多数人可能会想起坂本龙马、松下幸之助、圣雄甘地、纳尔逊·曼德拉等伟人。很多人在感受到他们胸怀大志的同时，想到自己虽然也希望能够像他们一样，但内心却并没有称得上志向的东西，反而会为此感到失落。

此外，以"志向很重要""要心存志向"为主题进行发言的人可以说是很有志向的人，而对于没有达到这一程度的人来说，如果还没有向其说明如何培养志向就直接提到志向的重要性，那么无论怎么说对方也不会明白。

为了给处于或即将处于这种状态的人一点提示，笔者对数十人进行了采访，明确了培养志向的过程，出版了《培养志向》（东洋经济新报社）一书。

本章我们参考《培养志向》一书的内容展开讨论。这一章和前面几章略有不同，但对所有商务人士都很重要，请大家一定要看到最后。

10.1 如何理解"志向"

让我们从志向的定义说起吧。"志向"这个概念本身就很难用语言表达,加上对这个词的理解因人而异,所以它被赋予了多种多样的意义。为了让大家在同一个概念下进行讨论,获得更多人的理解,用简单易懂的语言定义志向是非常重要的。

这里我们给志向做了如下定义:

在一定时期内,人生可以实现的事情(目标)。

这句话仍然很抽象,因此我们通过以下两个要点进行说明。

- **一定时期内**:1天或者1个月左右就能完成的话,格局太小,不足以称之为"志向",而仅仅是行动目标。可以将时期设置为2年~5年左右(但是,有时候也存在短时间内就能完成的情况,因此不用过度拘泥于绝对时长)。

- **人生可以实现**:这意味着在做某事时,可以基于自己的意志自由决定"时间"和"意识"的比例。

这一定义乍看之下和大多数读者认为的"志向"不太一样。一般来说,大家认为志向是高尚的东西,是为了他人或社会而行动。

将这一志向和本书定义的志向分别看作"大志"和"小志"就好理解了。

- **一定时期内，人生可以实现的目标叫作"小志"。**
- **花费整个生涯想要达成的东西叫作"大志"。**

如果把大志的实现看作无数小志实现后的集合体，就可以将志向大致分为两种了。小志可能随着不断积累越来越大，逐渐变成大志；也可能会在积累过程中发展出和初期不一致的志向。

那么，什么时候会发现普通志向变成了大志呢？这里有以下两种模式。

- **在积累小志的过程中，慢慢注意到了自己的大志。**
- **一开始就抱有大志，通过小志的不断累积，使大志更为具体。**

无论是哪种模式，都是在积累小志的过程中形成大志。

实际上，大多数人先是专心致志地完成眼前的工作，从中把握下一次机会，持续做到一定年龄或状况后才找到了自己的志向，而绝不是从一开始就抱有高尚的、可以作为人生主题的志向。

无论是何种情况，我们都能够确定，如果不开始行动的话，也就是说如果不朝着小志努力的话，通往志向的旅程就永远不会开始。没有进行实践的小志会一直停滞不前。

10.2 理解志向的重要性

接下来，我们思考一下为什么抱有志向是一件很重要的事情。

在国家经济发展迅速的时代，即使没有下意识主动追求自己的生活方式和想要实现的目标，而是一次次被动地接受公司或领导分配的任务，只要一心一意去做也能够实现目标。

经济整体形势较好的时代，在企业职位增加、获得晋升、职责扩大、下属增多的过程中，自然很容易获得精神上的充实感。

现在日本已经进入社会日趋成熟、少子化、老龄化、经济零增长、产业空洞化等严峻形势，如果自己不主动抓住些什么，谁也不会主动把它送给你。正因如此，思考"自己想给世界带来什么样的附加价值""为了什么而工作""自己眼下必须要做的是什么"，主动积极地找到自己的志向才显得尤为重要。

然而，一般情况下，受到应试教育强烈影响的这一代日本人已经习惯于正确回答别人提出的问题，而不擅长认真面对自我意志，不擅长思考自己想实现什么目标。这导致我们很容易陷入没有志向，甚至没有抱有志向的意识，且任凭志向随着时间流逝变淡的境地。

当然，人在没有志向的情况下也能存活，但如果能反复认真问自己初期阶段的小志是什么，进而取得更高层次的成就，我们就可以不断发展志向并拥有更有意义的人生。

10.3　了解培养志向的模式

我们来具体分析一下志向是如何发展的。

如图表10-1所示,志向的循环由"为了达成目标采取的行动""行动的结果""客观看待""自问自答""新目标的设定"5个环节构成,不断循环且呈螺旋式发展。我们来分析一下这些要素的具体含义。

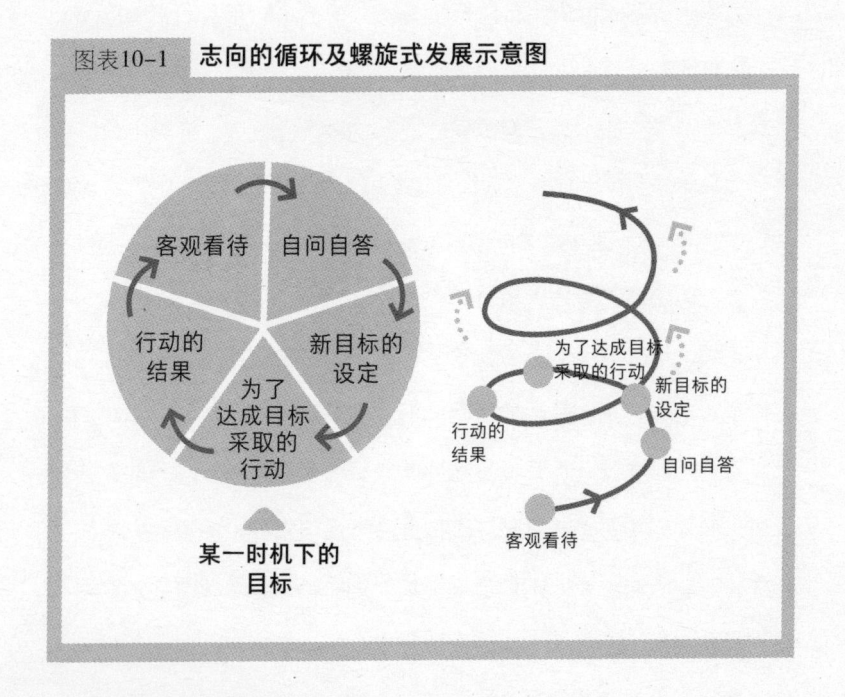

图表10-1　**志向的循环及螺旋式发展示意图**

① 在某一时机确立人生最初的目标

首先,我们把人生最初的目标设为"某一时机下的目标",放在志向循环的最初阶段1的位置上。

回顾孩童时代,孩子一般不会自己出于某种目的进行思考和行动,或者通过自问自答来确立目标,大多是由父母进行指导。当然,也有从小立志要成为棒球选手而开始练习打棒球,或为成为医生而学习的孩子。但是,我们要把孩子对梦想的质朴追求与经过思考、花费一定时间和其他资源设定的"志向(= 一定时期内,人生可以实现的目标)"区分开来。例如:

- 在父母的建议下参加钢琴或游泳培训,不断设定目标并努力。
- 在父母的安排下为了小学或中学入学考试参加补习班,以取得学习进步。

随着时间的流逝,这两种行为会呈现两种走向。

一种是从小学习钢琴并坚持长期练习后,这一活动已经变成了孩子的责任,希望有一天能成为音乐家。另一种是考试这类的节点过后,目标(考试合格)随之消失,要么强制结束,要么自己主动离开这一活动(变得讨厌钢琴或放弃学习)。

现实生活中,在某一时机停止追求被赋予意义的某一目标的事例有很多。也就是说,下一步会迎来循环中"行动的结果"这一环。

此外,人们在孩提时代,比起自己主动经历这5个环节进行下一步骤,更多时候是由父母决定下一步的目标,或是被自动设定了考上中学后准备中考的目标,不能按照自己的想法行动。事实上,大学毕业之前因没有明确的目标而虚度时间的人不在少数。

这一连串流程中，真正凭借自己的意志树立"一定时期内，人生可以实现的目标"的瞬间，可以说是"第一次产生人生志向的瞬间"。

❷ 为了达成目标采取的行动

由于这一过程是一个循环，因此无论从哪个环节开始都没问题。为了便于想象，我们从"为了达成目标采取的行动"这一环节入手。

这一环节意味着向着自己设定的"志向"前进的状态。

为了在甲子园参加比赛而在高中练习棒球；为了考上理想的大学而努力学习；为了成为销售第一而废寝忘食地工作，等等。大家为了实现各种各样的志向而努力过，或者还在努力。

在实现人生目标的过程中，志向有三大作用。

第一个作用是作为克服困难、继续努力学习的精神支柱，第二个作用是发挥领导力，成为带动周围人的旗帜，第三个作用是作为船锚测试自己的行动是否出现偏差。正因为有了志向，内心的热情才能持续燃烧下去。

这一环节中，要意识到志向的三大作用，时不时地返回原点，努力保持高昂的精神，这是非常重要的。无论是什么情况，长期保持好的精神状态是比较困难的。所有人都有过这样的经历，不知道什么时候做事方法成了目的，工作被习惯和流程左右。

要常常问自己有没有打起十二分的精神。如果长时间没有这么做，只会感觉工作或时间在一味地持续，很容易使人陷入长期停滞的状态，仅仅是行动在持续，不经意间才发现只有年龄在增长。

③ 行动的结果

为了实现年少时期的志向而采取的行动一定会有结果（如果没有结果应该就是大志了）。

行动取得结果后，意味着动力达到了极限，并且这一动力引发的活动事实上已不可能存续。具体来说，可以分为以下3种模式。

- **自身（或组织）的表现在进步（成长）的感觉有所弱化，甚至完全感觉不到了**

这种模式下，为实现"一定时期内，人生可以实现的目标"而采取行动后，士气高昂的感觉在逐渐减弱，自身的动力已经达到极限。这是因为我们在为某一目标拼命努力的过程中，成长的实感逐渐消失，效力也渐渐消失，从而产生已经尽力的感觉，使得实现志向的动力也随之消失了。有时候动力会在行动环节的后半段变得越来越小。

之前我们也提到了，这种情况下最重要的是为了达成目标拿出十二分的精力去行动。带着半途而废的态度行动很难做到全力以赴，最终会让人沉溺于舒适的现状。从某种意义上说，在这一模式下要有一口气吹灭逐渐微弱的心火的勇气。

- **这一活动本身不被本人的意向左右，而是自行终止**

这种模式下，行动对象的终止与本人的意向无关，例如所在公司倒闭、部门被撤、企业重组、工作换人接手，等等。有时候本人的动力还没有达到极限，但面临无法继续实现目标的现实，因此动力慢慢降低，最终在某一时机迎来了终点，这样的例子不在少数。

● **出现了别的目标（志向）**

这种模式下，在朝着现在的志向继续行动的过程中，遇见了各种各样的人，开发了更多的能力，视野变得宽阔，最终使自身具有更多可能性，并产生了其他志向。有可能出现和现在完全无关的志向，或是作为现有志向的延伸出现了更有利于他人和社会的志向。

④ 客观看待

在积累了一定的行动经验，迎来了行动的结果时，客观看待是非常重要的。

客观看待的环节是指从只顾眼前、只着眼于自己做的事情、盲目跟随别人设定好的目标行动的状态，转变为理解自身所处的位置，找到看透全局的"地图"来判断自己处于哪一位置，认识自己目前所做的事情有什么意义的状态。那么，人在什么时候才能客观看待自身呢？

为了在一定距离下客观审视自己，有时候必须将自己的行动及所处状况与其他事情进行比较。

具体来说，有跳槽或留学、公司内部调动、研究生入学或毕业、参与跨部门的项目，或自己工作的企业倒闭等情况。如果日本人去了国外，很可能会将那个国家和自己国家进行比较，不得不思考日本是什么、日本文化是什么、日本人是什么等问题。如果我们要跳槽，应该会拿现在的公司和原来的公司进行比较，思考自己的实力如何、强项和弱项是什么。

　　这些都是相对地看待自身现状的示例。通过这类思考，我们可以依据自己在组织或社会中的地位、和他人的关系、文化与价值体系的特性、自己的强项和弱项等描绘整体状况，也就是绘制"地图"，找到自己行动的目标。

　　另一方面，人们即使能做到客观看待自身，大多数情况下也不会认为自己处于危险状态，而仅仅觉得是自己不够努力，并没有进行更深入的思考。反过来说，哪怕是很小的事情，在人们终于注意到它时，或是它让内心泛起波澜时，我们心里才会产生某种变化，可以说是为进入下一环节做准备。要重视细小的发现，这一点非常重要。

客观看待的要点

- 把自己的工作成果、自己所属公司的状况等与他人或全社会进行比较。

- 通过与他人的对比，了解自己所处的位置和实力，精准定位。

- 暂时跳出自己公司和所属行业的逻辑，将自己所属组织采取的行动跟其他行业或一般商务活动采取的行动进行比较。

- 比较时，不要忘记小细节中也有大线索。

- 如果注意到了一些之前未曾注意的事情，或是内心感觉到波动时，要认真面对。

> ● 为了进行比较，要努力和公司外部的人建立关系网、有效抓住公司内部调动和参与公司项目的机会、不断地汲取公司内外信息，等等。

⑤ 自问自答

经过客观看待的阶段后，要对自己肩负的行动任务或在组织中所处的位置进行深入研究，进入细致理解的阶段。

除了一直以来采取的特定行动，还要盘点自己的各种需求、愿望、特性，摸索出现在自己真正应该做的、想做的是什么。在这一阶段，有人会在短时间内集中进行自问自答，也有人会花上一段较长的时间，反复进行自问自答。还有人会采取独自待在山里过几天、定期参加禅会、进行睡前冥想、写博客或日记等自我反思的方式，有意识地进行自问自答。

这一环节中，重要的是进行思考，不要逃避设立新目标。

20岁~40岁的中坚一代因为每天都很忙，所以在感觉到有必要思考的同时，也很容易逃避需要思考的东西（有时甚至忙到连思考的时间都没有）。再加上人在处于良好状态的情况下认识自己的欲望才会高涨，所以有时会难以接纳现实、停止思考。

无论是何种情况，志向的培养都是从这5个步骤组成的循环中一点点累积向上的，为此，在逃避自问自答的一瞬间这一进程就会停止。我们要牢记这一点，不要逃避自问自答。

另外还需要注意，如果仅仅是心血来潮地思考"自己真正想做什么"，而不是客观看待自己，是很难找到答案的。只围绕一点思考很容易白白兜圈子。在客观看待的阶段，要深入思考，经受自问自答的历练，同时在脑海里积累一定的信息量，这些都非常重要（实际上，客观看待和自问自答的环节是交替进行的，这样才能实现深入思考）。

自问自答的要点

- 说到底，自问自答时最重要的是不要忘记在客观看待自身后，或者是在客观看待自身的过程中进行自我反思。
- 不要停留在单纯问自己"想做什么"这个问题上。
- 采用将自己的强项、弱项与其他公司进行比较的方式来提问。
- 确保自问自答的时间和空间，暂停日常活动。
- 将自问自答的内容用文字记录下来，以便日后回顾。
- 试着和某个人讨论自己的想法。
- 自问自答的过程对很多人来说都是煎熬的，但请不要逃避。

6 新目标的设定

自问自答的环节会给思考新的行动这一环节逐渐带来变化。在寻找新目标的过程中，"自己创造目标"和"他人赋予目标"是有很大区别的。

说到志向的培养，可能会让人觉得一切都是按自己的意思决定的，但实际上也有人会在公司或他人准备好的机会中找到新目标（当然，最终是否能够实现目标就是自我意志的问题了）。但是，这种情况下也需要充分进行客观看待和自问自答。很多时候大家是在做好一定准备的情况下才找到下一志向的。

自己创造目标的典型例子是主动跳槽和主动获取公司内部的调动机会，还有独立创业。这时重要的是做好将想法付诸行动的准备、提高能力，从而更加相信自己，踏出通往新目标的第一步。

他人赋予目标的典型例子是公司内部调动或公司外部的邀请。虽然说起来有些让人意外，但以外部赋予自己的选择为契机，通过自问自答将其作为小志向不断努力的人也不在少数。

通过这种模式实现志向培养的人有一个共同特征，就是努力保持能受到外界注意的特色能力，重视并大力培养公司内外的关系网络。

新目标设定的要点

- 在自问自答环节充分思考，做好准备是很重要的。准备充分的时候，可以敏感地抓住他人赋予的机会。要避免因准备工作的懈怠导致机会流失。
- 和各种各样的人建立关系。
- 拥有他人（其他公司）用得上的明显的强项（竞争力）。

- 对公司内外信息保持敏感,积极争取机会。为此要不懈地开发自我能力。
- 迷惘的时候就采取行动。

10.4 把握志向发展的方向

上一节我们对志向培养的循环过程进行了分析,那么在积累一个个"小志"的过程中,是否具有方向性呢?最后我们针对这一点来进行说明。

志向在大多数情况下是沿着以下两种方向性发展的。

- 志向随着自律性的提高而发展
- 志向随着社会性的提高而发展

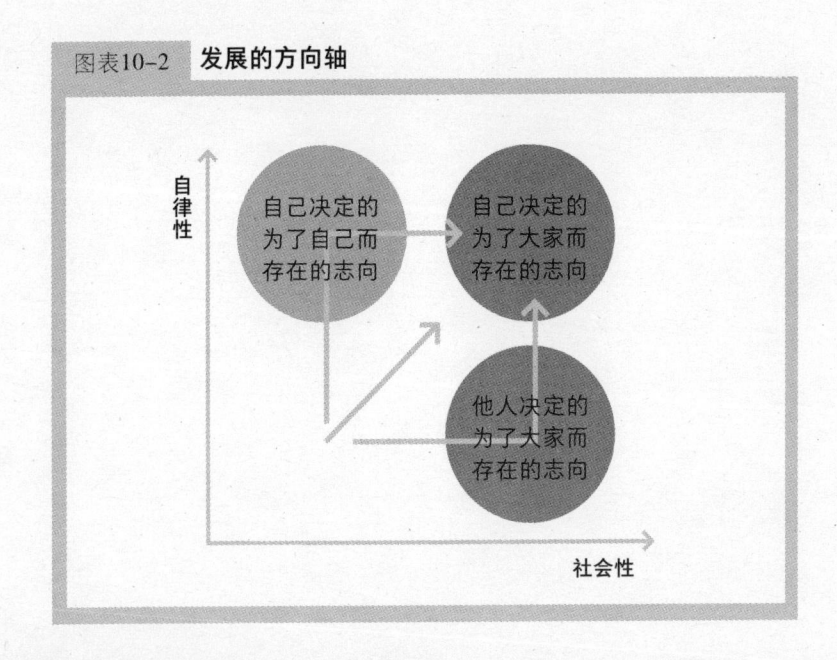

图表10-2 发展的方向轴

纵轴：自律性
横轴：社会性

- 自己决定的为了自己而存在的志向
- 自己决定的为了大家而存在的志向
- 他人决定的为了大家而存在的志向

① 自律性之轴

所谓自律，正如字面意思，指自我约束（＝自己决定自己的前进方向）。

在此轴上的发展意味着扩大自己可以做决定的范围。

虽然有人在进入社会后就自己创业，自己承担全部责任，但大多数人一开始会让某一组织或者值得信赖的人来判断自身的走向，也就是根据某人定下的规范开展行动。

实际上，在未知的环境中，独自决定自己的行动并推进是非常困难的。可以找一些能够成为行动模范的人，比如公司前辈，参考他们的做法行动，或者配合组织氛围行动。

一开始，人们会根据领导或公司决定的规则在社会上活动，同时积极开发自身能力。当达到一定位置后，就能获得一定程度的自由，做自己想做的事情，可以自行选择某一规则甚至自己决定规则。特别是在大企业中，一个人要达到这一阶段需要花费很长时间，遗憾的是在这一过程中"错失了自己想做的事"的例子有很多。为了避免这一情况，重点是常常进行自我反省。最后，从明确的职位能力和自己想做的事情开始，一步步设定组织整体的规章制度，带领人或组织前进。

② 社会性之轴

接下来，我们针对社会性进行分析。所谓社会性，是以自己为起点，不断扩大自己所持责任范围的一种心理活动。社会性提高是指从利己（以自我为中心）到利他（为他人思考的比重提高或者以他人为中心进行思考）的变化。社会性的扩大可以分为以下4个阶段。

（1）为了自己

在结束了学生生涯进入企业就职或是为其做准备（实习等）的阶段，与其说我们是为了谁而去行动，不如说绝大部分人都是通过融入公司、牢记工作方法等来给自己充电、提升能力的。

当然，也有人会抱着为社会做贡献这一大目标工作，但大多数情况下都是从融入社会开始的。

（2）为了自己周围的人

开发出一定能力后，也就是进入所谓独当一面的阶段后，自己能够影响的范围就渐渐扩大了。比如担任项目领导，虽然此时还没有下属，但已经可以照顾后辈了。然而这一阶段中，很多时候会出现自以为靠的是自己的影响力，可实际上还是在上司或组织的影响力之下才扩大了影响范围的情况。

这一时期的志向是以他人赋予的规则为基础的，还处于费尽心力思考怎么完成的阶段。因此，看到的世界大多还是与自己具有直接利害关系的部分。

（3）为了整个组织

很多人在实力增强、拥有了自信后，自然会对组织整体的存在方式进行思考。这是因为当人们身处这样的立场（职位），自身使命感会加深，越来越想做更大的事情。

到了被赋予一定权力，个人能力和人际关系都比较强大的阶段，个人能影响的范围与前一段时间相比就会有质的飞跃（对于创业家来说，多指在比较年轻的时候就站在了这一职位的情况）。此前都只是在组织（自己团队）内部进行调整和交谈，而现在则要代表这一组织跟外部进行谈判了。

（4）为了国家、为了全社会

大多数公司职员都是在前文所说的关心组织整体的过程中完成了自己的职责，迎来退休。作为企业的一员，能够完成自己的责任，为社会做出贡献是非常了不起的。不过，在多重志向相互重叠的情况下，很多人不仅会追求组织目标、追随某个人的志向，还会思考能证明自己在这个世界存在过的证据是什么，能为社会做出怎样的贡献，并为此付诸行动。

这种想法的出现会受到时代的影响，随着社会创业潮和冒险家的出现，创业难度有所下降，并且互联网发展带来的网络技术革新创造了便于个人活动的环境，再加上终身雇佣制度的缓慢崩坏以及奉行成果主义的外资企业进军市场等种种因素，都使得20岁~40岁的年轻人比40岁以上的人更早开始思索如何对社会做出贡献。时代的变化对志向的发展过程带来了的的确确的影响。

那么在对志向进行讨论时，包括志向发展的方向性在内，要明白志向既不是突然从天而降的，也不是谁当作礼物送给我们的，而是要我们自己树立并培养的。

以社会性和自律性为横竖两轴，可以把志向大致分为"他人决定的为了自己而存在的志向""他人决定的为了大家而存在的志向""自己决定的为了自己而存在的志向""自己决定的为了大家而存在的志向"4种类型。但从本质上讲，志向不存在大小、好坏和高低之分（并不是说非要选择"自己决定的为了大家而存在的志向"）。

不要和他人进行比较，而要思考自己在目前为止的人生中实现了多少小志向，明确自己处于何种状况。这是培养今后志向的第一步。

最后，我想送给看到这里的读者们一句话：有志者事竟成。希望大家都能培养出适合自己的志向。

树立志向

松下电器产业株式会社（现 Panasonic 株式会社）

创始人　松下幸之助

树立志向吧。

真正地、一丝不苟地树立志向吧。

甚至赌上性命来树立志向吧。

可以说，一旦树立了志向就能达到事半功倍的效果。

树立志向不分老幼。

对于有志向的人，无论是年老还是年轻，前方都会展开全新的旅程。

在目前为止的每一段旅程中，一定有树立志向的时候，也有失去方向，甚至受到挫折的时候。但是，没有道路、无法展开旅程的原因，不都是人们意志薄弱吗？

也就是说，想做成某件事情的时候，要想想是不是还缺少一点东西。

已经过去的事情不必重提。

逝去的时光也一去不复返。

如果你到现在还有一颗渴望依赖他人、仰仗他人的心，就要干脆地把它消灭。

重要的是培养自己的志向。

端正自己的态度。

是"虽千万人吾往矣"的勇气。

是执行力。

树立志向吧。

为了自己,为了他人,更为了国家,为了日本。

(引用自《开拓道路》,松下幸之助著)

后 记

感谢大家读到最后。读完这本书，想必大家能够认识到深入思考今后能力开发方向及自我职业生涯的重要性。

在 GLOBIS 商学院，为了培养优秀的商务人才，我们要求学生必须掌握 WILL（想法和志向）和 SKILL（知识和思考能力），并在这两种概念之下制订教学计划和各科讲义。其中，本书对"最好在年轻时掌握的技巧"进行了集中概括。

为了在实践中展现良好且强大的商务水准，必须掌握逻辑和数字能力、沟通能力以及执行能力。此外，明白自己为了什么而从事商务活动、如何奉献社会等也极其重要。如果不能有力地思考这些问题，就很难继续开发自身能力。

有时能力开发的过程是非常痛苦的。与短时间内能掌握的外在技巧不同，越是根本性的能力越无法简单掌握，需要反复进行训练。要把本书提到的这些能力真正变为实力，就要像运动选手做伸展训练一样反复进行枯燥的练习。

实验数据显示，读完并理解了的知识大多在几个小时或几天之后就会忘记。还有一种说法是，学会的东西在一周之内没有使用的话，就再也不会使用了。我们难得掌握了这些知识，为了避免遗忘，要从已经学会的东西开始、立刻、持续地、正直地使用，并且一定要迈出进一步开发能力的第一步。

笔者们通过参加 GLOBIS 说明会或在各种课堂上与学生进行讨论，以从中思考和学到的内容作为本书的构想源泉。如果笔者没有亲临说明会或课堂现场，那么即使想写也写不出本书。在此，我们对来参加说明会或上课的学生们表示由衷的感谢。

此外，东洋经济新报社的宫崎奈津子小姐为这本书进行了具体策划，在我们写作的过程中也收到了她很多邮件，获得了很大的鼓励和行之有效的建议。真的非常感谢。

希望有志于提高商务基础能力的人越来越多，并且能与本书结下缘分。

2014年7月吉日

全体作者

图书在版编目（CIP）数据

如何成为职场实力派 / 日本GLOBIS商学院著；黄若希译. -- 南昌：江西人民出版社，2019.4
　ISBN 978-7-210-11024-8

　Ⅰ.①如… Ⅱ.①日…②黄… Ⅲ.①成功心理—通俗读物 Ⅳ.①B848.4-49

中国版本图书馆CIP数据核字(2019)第000404号
27 SAI KARANO MBA GLOBIS-RYU BUSINESS KISORYOKU 10
by Graduate School of Management, GLOBIS University,
　　　Yoshihiko Takubo, Hiroyuki Araki, Kenichi Suzuki, Keiko Murao
Copyright © 2014 Graduate School of Management, GLOBIS University
All rights reserved.
Originally published in Japan by TOYO KEIZAI INC.
Chinese (in simplified character only) translation rights arranged with
TOYO KEIZAI INC., Japan
through THE SAKAI AGENCY and BARDON-CHINESE MEDIA AGENCY.

本书中文简体版权归属于银杏树下（北京）图书有限责任公司。
版权登记号：14-2018-0402

如何成为职场实力派

作者：日本GLOBIS商学院　译者：黄若希

责任编辑：冯雪松　钱浩　特约编辑：方泽平　筹划出版：银杏树下
出版统筹：吴兴元　营销推广：ONEBOOK　装帧制造：墨白空间
出版发行：江西人民出版社　印刷：北京画中画印刷有限公司
889毫米×1194毫米　1/32　7.75印张　字数163千字
2019年4月第1版　2019年4月第1次印刷
ISBN 978-7-210-11024-8
定价：36.00元
赣版权登字01-2019-12

后浪出版咨询（北京）有限责任公司　常年法律顾问：北京大成律师事务所　周天晖 copyright@hinabook.com
未经许可，不得以任何方式复制或抄袭本书部分或全部内容
版权所有，侵权必究
如有质量问题，请寄回印厂调换。联系电话：010-64010019